文化ファッション大系
ファッション工芸講座 ❸

バッグ

文化服装学院編

序

　文化服装学院は今まで『文化服装講座』、それを新しくした『文化ファッション講座』をテキストとしてきました。

　1980年頃からファッション産業の専門職育成のためのカリキュラム改定に取り組んできた結果、各分野の授業に密着した内容の、専門的で細分化されたテキストの必要性を感じ、このほど『文化ファッション大系』という形で内容を一新することになりました。

　それぞれの分野は次の講座からなっております。

　「服飾造形講座」は、広く服飾類の専門的な知識・技術を教育するもので、広い分野での人材育成のための講座といえます。

　「アパレル生産講座」は、アパレル産業に対応する専門家の育成講座であり、テキスタイルデザイナー、マーチャンダイザー、アパレルデザイナー、生産管理者などの専門家を育成するための講座といえます。

　「ファッション流通講座」は、ファッションの流通分野で、専門化しつつあるスタイリスト、バイヤー、ファッションアドバイザー、ディスプレイデザイナーなど各種ファッションビジネスの専門職育成のための講座といえます。

　以上の3講座に関連しながら、それらの基礎ともなる、色彩、デザイン画、ファッション史、素材のことなどを学ぶ「服飾関連専門講座」の四つの講座を骨子としてスタートした『文化ファッション大系』にこのたび新たに、ファッションビジネスやトータルファッションを考える重要な要素となる商品や演出などのテキストの必要性を感じ「ファッション工芸講座」を加えることにしました。

　この講座では、ファッションアイテムの帽子、バッグ、シューズ、それぞれの専門分野における高度な知識と技術を修得することができます。

　社会のニーズや多様化するファッションの個性に合わせて、クリエーターとしての感性豊かなデザイン発想力や表現力、テクニックをこの講座を通して身につけ、各分野で活躍できる人材になっていただきたいと思います。

目次 バッグ

序.. 3
はじめに... 8
コーディネートデザイン画................................. 9
バッグデザイン画... 10
素材表現... 12

第1章　バッグ概説 13

1. バッグデザイン 14
(1) コンセプト 14
(2) 作り 14
(3) サイズ 14
(4) 素材 15
(5) 価格 15

2. バッグの機能と構造 16
(1) 胴・まち・底 16
(2) 口 19
(3) 持ち手（持ち方）.. 20

3. バッグの名称 22

第2章　素材と副資材 23

1. 天然皮革 24
(1) なめしについて 24
(2) 皮の構造と成分 26
(3) 動物の種類別皮革の特徴 27
(4) 仕上げ別皮革の特徴 28

2. 合成皮革と人工皮革 29
(1) 合成皮革（合皮）... 29
(2) 人工皮革 29

3. 繊維素材 30
(1) 天然繊維 30
(2) 天然繊維の生地 30
(3) 合成繊維 30

4. 芯材の種類 ……………………………… 31

5. 裏地の選び方 …………………………… 31

6. 縫い糸 …………………………………… 31

7. 金具・樹脂金具とファスナー ………… 32
    (1) 金具の種類 …………………………………32
    (2) ファスナーの構造 …………………………34

第3章　バッグ製作の用具 …………………………… 35

1. 型紙作り・裁断のための用具 ………… 36

2. 縫製準備・縫製のための用具 ………… 36

第4章　縫製の種類 …………………………………… 39

1. 縫合せ方 ………………………………… 40

2. 持ち手 …………………………………… 42
    (1) 種類と縫製 …………………………………42
    (2) 取りつけ方 …………………………………43

3. 内部の構造 ……………………………… 44
    (1) 裏布の縫製の種類 …………………………44
    (2) 見付け ………………………………………44

4. ポケット ………………………………… 45

5. 金具の取りつけ ………………………… 46

第5章　バッグの製作 49

 1. デザインと素材の決定 51

 2. 型出し 51
  (1) 線の引き方 51
  (2) 面の取り方 52
  (3) 貼合せ方 54
  (4) その他の型出しの仕方 55

 3. 型出し補正 58

 4. 型紙 59

 5. 付属材料の準備 61
  (1) 裏布 61
  (2) 芯材 61
  (3) 金具 61
  (4) ファスナー 61

 6. 裁断 63

 7. 革すき 64

 8. 縫製準備 65
  (1) ゴムのりの使用方法 65
  (2) 両面テープの使方用法 65
  (3) こば始末の方法 66
  (4) へり返しの方法 66

 9. 縫製 68

 10. 仕上げ 69

第6章　部分縫いと作例 ... 71

1. 部分縫い ... 72
(1) ポケット ... 72
(2) 玉出し縫製 ... 74
(3) かぶせの作り方 ... 75
(4) べろの作り方 ... 76
(5) 平手の作り方 ... 76
(6) 丸手の作り方 ... 77

2. 作例 ... 78
(1) 丸手の横まちトートバッグ ... 78
(2) ファスナーつき通しまちのショルダーバッグ ... 80
(3) かぶせつきのスワローまちバッグ ... 82
(4) 天まちファスナーつきの外縫い横まちバッグ ... 84

第7章　手縫い ... 87

1. 手縫いの特徴 ... 88

2. 手縫いの順序 ... 88
(1) 縫い線を引く ... 88
(2) 穴を開ける ... 89
(3) 針と糸を準備する ... 89
(4) 縫う ... 90

第8章　バッグのデザイン画 ... 91

1. 立体のとらえ方 ... 92

2. 光と陰影 ... 93

3. ディテールの表現 ... 94

4. 製品図を描く ... 95

はじめに

　今や人々の生活の中で、ファッションに対する関心は非常に大きいものになっています。生活が豊かになり、余裕が生まれ、おしゃれを楽しむ人が多くなりました。そして、衣服だけではなく、帽子・バッグ・シューズなどのファッショングッズをトータルコーディネートするようになり、ファッショングッズの役割が非常に重要になってきました。
　バッグは「物を入れて持ち運ぶための道具」であり、多くの物を持って移動する現代社会において必要不可欠なアイテムです。形、大きさ、素材は多種多様あり、学校、仕事、遊び、買い物、旅行など目的に合わせたバッグを使い分け、外出するときには必ずと言っていいほど持っているものです。
　そして、持つことで個性や季節感、流行を表現できるファッションアイテムでもあります。自分をどう見せたいかによって、持つバッグは変わり、同じ服を着ていても、バッグによってフォーマルに見えたり、カジュアルに見えたり印象が変わることもあります。
　また、バッグとしての機能さえ備えていれば自由な形でデザインできるところがバッグの魅力です。布を袋状に縫い、持ち手をつけるだけでもバッグになります。親に作ってもらったり、自分で作ったりした布製のバッグを使ったことがある人もいるのではないでしょうか。バッグには、服のように基準となる原型がなく、大きさや形は自由に決めることができるため、簡単な形であれば手軽に作ることができるのです。しかし、本格的で複雑な構造のバッグを作るためには、さまざまな構造を理解し、素材、縫製方法などについての基礎知識を身につけることが必要となります。
　本書は「文化ファッション大系」の1編として、バッグをデザイン、製作するための基礎知識や技術に関する解説書として、編集してあります。バッグの構造や、素材・用具などの知識、縫製の種類、製作技術にかかわる事柄を、写真や図で初心者にもわかりやすく解説しました。なお、バッグ製作における名称や手法は諸説あり、本書で紹介している中には文化服装学院独自のものも含まれております。
　この一冊が、バッグ作りを学ぼうとしている人々の基礎知識や技術の習得に役立てていただけるよう願っています。

●コーディネートデザイン画

— MATERIAL —

CALF

CALF

●バッグデザイン画

マーカー・色鉛筆

マーカー・パステル

マーカー・色鉛筆

マーカー・色鉛筆

マーカー・色鉛筆

11

●素材表現

蛇革

マーカー・色鉛筆

ワニ革

マーカー・色鉛筆・ガッシュ

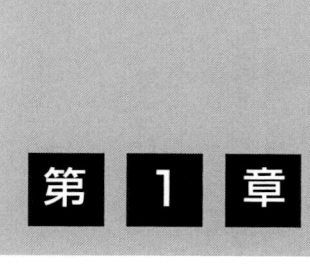

バッグ概説

　バッグは物を入れて持ち運ぶための道具であると同時に、重要なファッションアイテムでもある。ここではあらためてバッグとはどんなものであるか考え、デザインするときに必要な考え方、バッグの機能、構造などの基礎知識を解説する。

1. バッグデザイン

●バッグとは

バッグは物を入れて持ち運ぶための道具である。多くの物を持って移動する現代社会において必要不可欠なアイテムであり、たくさんある物をひとまとめにして収納する、物を入れた状態で持ち運ぶ、物を出し入れする、といった機能がある。

また、道具としての役割だけでなく、重要なファッションアイテムでもある。同じ服を着ていても持つバッグを替えるだけで全体の雰囲気が変わることもある。個性や季節感、流行を表現でき、コーディネートのアクセントとなるアイテムである。

●バッグをデザインする

バッグとしての最低限の条件は、物が入って持ち運びができることである。その条件を満たしていれば、大きさや形は自由である。しかし「自由」だからこそ、どんなバッグにするのかよく考えてデザインしなければならない。そこがバッグデザインのおもしろいところであり、難しいところでもある。

そして大切なことは、バッグとしての最低限の条件を満たすだけではなく、どこかに独自性があり、魅力のあるデザインをすることである。全体の形、一部の形、コンセプト、素材、色、柄など、どこかに特徴を持たせることで、独自性が生まれ、魅力が出るのである。

バッグをデザインするために考えなければならない基本的なことは、主に次に挙げる5項目である。

(1) コンセプト

確かなコンセプトを持つことは、バッグに限らずもの作りの大前提となる。あらゆる条件の中で最優先させたいことを決め、作りたいバッグのデザインポイントはどこなのか、コンセプトをはっきりさせてからデザインする。例えば、以下のようなことである。

- 機能性を重視
- 見た目の美しさやおもしろさを重視
- 素材・形・色などに特徴を持たせる
- そのバッグを持つことで、人にどんな印象を与えるのか
- 持った人がどんな気持ちになるのか

など

また、オーダーメイドや自分自身で使用する場合は、使う人が決まっているため、相手の要求や自分の思いに基づいてデザインすることができる。しかし、使う人が決まっていない商品などの場合はそれができない。そのため、バッグを使う人がどんな人であるかをあらかじめ設定し、その人がどのように持ち、何を入れ、どこに持っていくのかなど詳細を想定したうえで具体的なデザインをする。

(2) 作り

コンセプトに基づいて、バッグの作り(構造と機能性)を具体的にする。中に入れたい物の量、表現したい形、使い勝手、持ち方など、さまざまな条件に合わせて作りを決める。

ここで注意することは、バッグには物を入れるということである。物を入れたときにどんな形になるか、どんな強度が必要か、持ち手にはどんな力が掛かるかなど考えてデザインする。

考えなければならない作りは以下のとおりである。

①胴・まち・底のパターンと縫製方法 (16ページ参照)
　横まち、通しまち、小判底、まちなし
　縫返し、外縫いなど
②口 (19ページ参照)
　ファスナー、マグネット、かぶせ、べろ、ホック、巾着など
③持ち方、持ち手 (20ページ参照)
　手で持つ、肩に掛ける、背負うなど
　平手、丸手、1本手、2本手など
④機能性
　軽い、丈夫、多機能、収納力など

(3) サイズ

おおよそファッションアイテムは、衣服はからだ全体、帽子は頭、靴は足、指輪は指といったように人体のサイズが基準となっていて、サイズが合わないと機能を果たすことができないことが多い。しかしバッグには基準となる明確なサイズはない。この点は他のファッションアイテムとバッグの大きな違いである。

バッグ本体の大きさは、中に入れるものを基準とする。しかし、○○専用バッグとか旅行用トランクなど、入れるものが限定されたバッグでない限り、明確な基準となるサイズがないため自由に大きさを決めることができる。どのくらいの大きさでどのくらいの量の荷物が入るようにしたいのか、想定される荷物に合わせてサイズを決める。大きすぎたら持ち運びしにくくなり、小さすぎたら入れたいものが入らなくなるので、使いにくくならないように、使い勝手を考えたサイズにしなければならない。

バッグの部位の中で、持ち手は人体が基準となる。持ち手を握って持つ場合、太すぎたり細すぎたり手のひらのサイズに合っていないと持ちにくいが、何センチという明確なサイズはない。より持ちやすいバッグにするには、手で握る、肩に掛けるなど、さまざまな持ち方に合わせて、持ち手の幅、長さ、厚さ、硬さ、本体への取りつけ位置などをよく検討する必要がある。また、長い持ち手のショルダーひもは、体型や持ち方によって長さが変わってくるので調節できるような構造にするとよい。

（4）素材

バッグはさまざまな素材で作ることができる。表材は皮革（牛、豚、蛇、ワニ、オストリッチなど）、布（天然繊維、合成繊維）、合成皮革、ビニール、金属、プラスチックなどさまざまあり、バッグのイメージによってどのような色・柄のどのような素材で作るのか、風合い・季節感・流行・機能を考えて選択する。

そして、表材以外にも、付属品（金具・ファスナーなど）、糸、裏素材、芯などが必要である。付属品の素材・色・形、糸の太さ・色、裏地の素材・色・柄、中に入れる芯の材質、それぞれをどう選び、どう組み合わせるかによってバッグの雰囲気が大きく変わるため、非常に重要である。

（5）価格

商品の場合、価格も重要となる。そのバッグのコンセプトに合った価格にすることも意識して、デザインしなければならない。

材料が必要で、人の手によって作られるものには材料費と人件費がかかり、それによって商品の原価が決まってくる。簡単に言えば、高い素材を使い、手間のかかる作りにすれば高くなり、安い素材を使い、手間のかからない作りにすれば安くなる。その原価に利益などを足して価格になる。売りたい価格にするための素材選びや、構造を考えることも重要である。

商品が売れる場合には売れるだけの理由がある。良質な素材を使い、良質な作りの商品であれば、価格が高くても買う人がいる。

また、素材や作りや原価とは関係なく、希少性のあるもの、ブランド力のあるもの、売る店舗など、商品価値を高める要素があり購入者が納得できるものであれば、価格が高くても売れる。逆にどんなに安くても売り方によっては売れないこともある。売り方によって適正価格は変わってくるのである。

各部の名称

2. バッグの機能と構造

バッグの道具としての機能は「収納する」「出し入れする」「持ち運ぶ」であり、それぞれの機能を果たすための構造になっている。その役割は下記のとおりである。

　　　　収納する ………… 胴・まち・底
　　　　出し入れする …… 口
　　　　持ち運ぶ ………… 持ち手

バッグの構造について、この3項目に分けて解説する。

(1) 胴・まち・底

　胴・まち・底は物を収納するためのパーツである。まず2枚の胴を縫い合わせると袋状になり、物を収納することができるようになる（図1）。しかし、平面的なので収納力があまりない。収納力を増すためには、胴にまちと底をつけ、立体的にする（図2）。

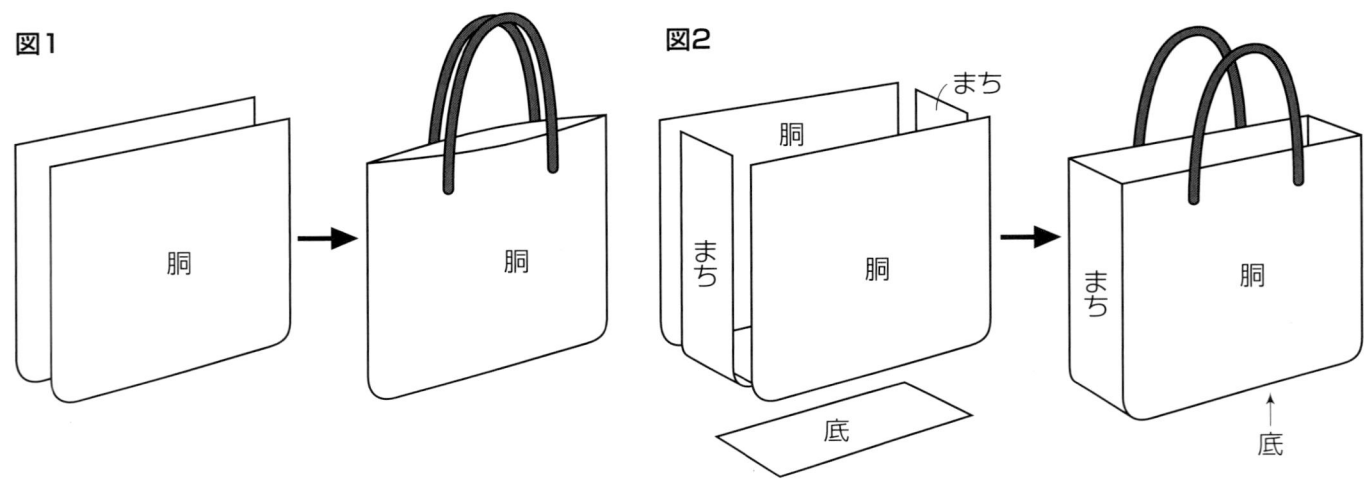

まち、底の種類

　基本的なまち、底の種類を解説する。この基本パターンを組み合わせたり変形させることで、さまざまなバッグの形をデザインすることができる。

①通しまち

〈基本型〉

まちと底が一体となり、胴を取り囲んでいる形。胴が独立しているため、胴の形を自由に変えることができる。

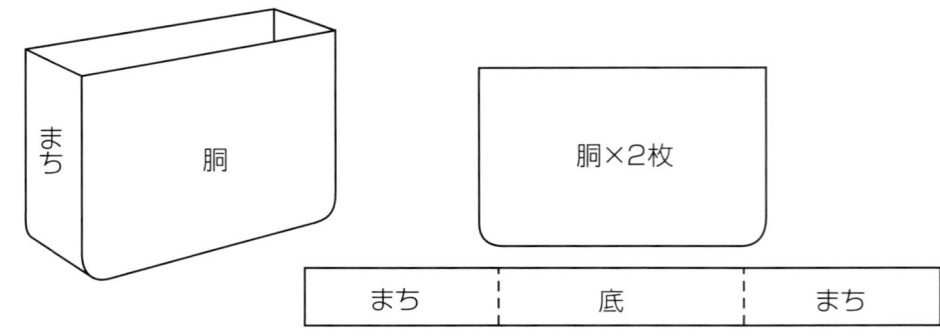

〈応用型〉

スワローまち

　底と一体となったまちが蛇腹のような形状になっている。中に入れる物の分量によってまち幅が伸縮する。横から見たまちの形がスワロー（ツバメ）の尾の形に似ていることからこの名がついたと言われている。

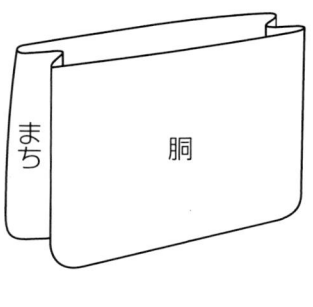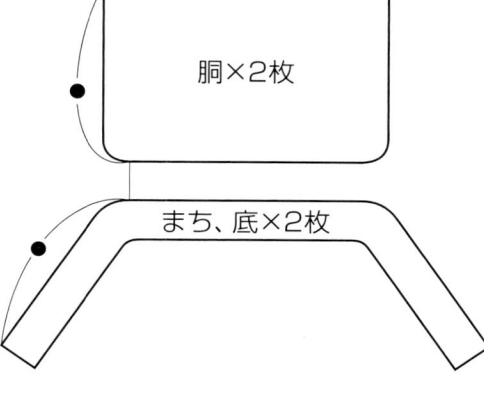

分割通しまち

　別々のパーツのまちと底を縫い合わせ、外縫いで仕上げた形。直線的な形のハードタイプのバッグに多く用いられる。

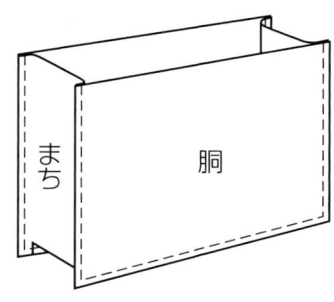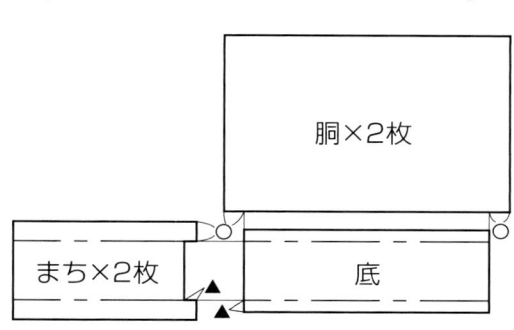

② 横まち

〈基本型〉

　胴と底が一体となり、まちを取り囲んでいる形。まちが独立しているので、まちの形を自由に変えることができる。

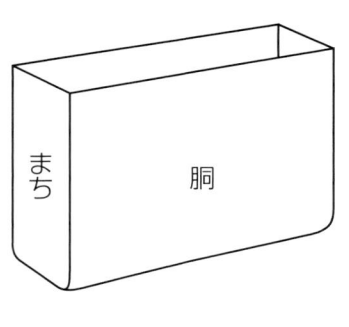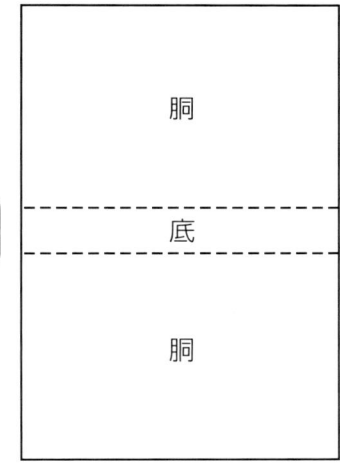

〈応用型〉

　まちの形状により、さまざまな名称がある。ここでは一部を紹介する。

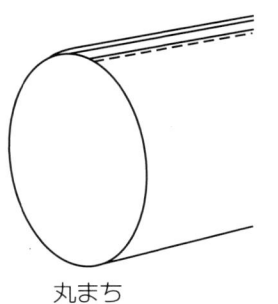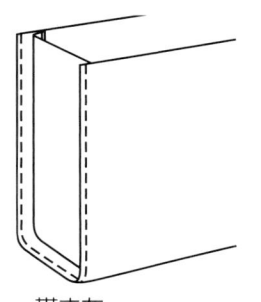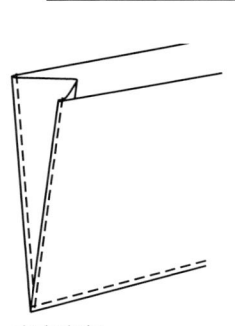

丸まち　　帯まち　　ささまち

③その他
小判底
　まちをつけず、底だけで胴を立体的にしたもの。底が独立しているので、底の形状を自由に変えることができる。底の一般的な形が小判形であることから小判底と呼ばれている。

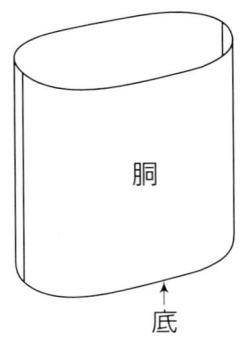
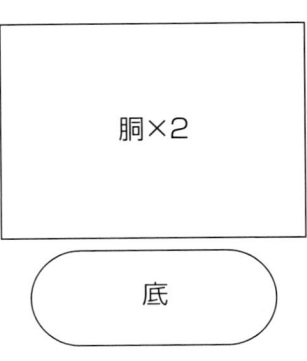

曲げまち
　胴の両サイドを曲げることでまちとしての役割を果たしているもの。

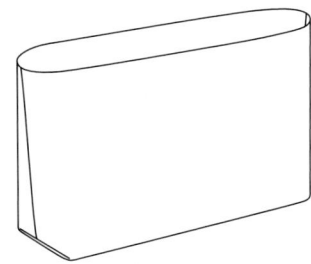
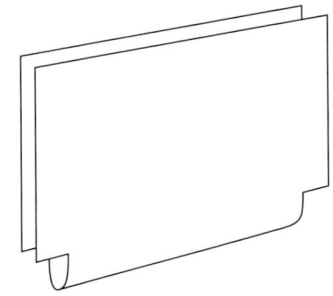

ダーツ・タック・ギャザー
　胴面にダーツやタック、ギャザーを入れることによって、膨らみを持たせ、立体的にすることもできる。

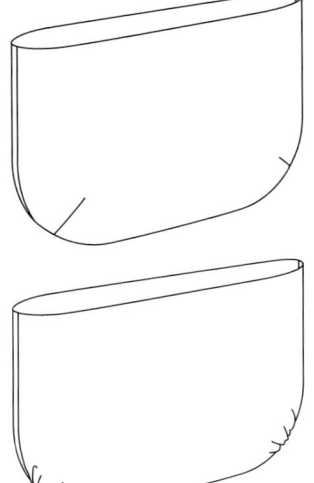
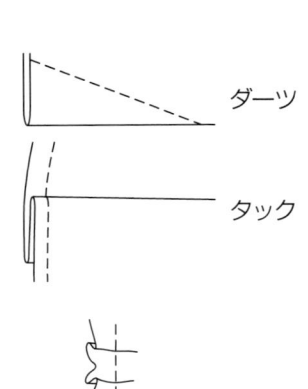

(2) 口

物を出し入れする部分を「口」(もしくは口前、開口部)と呼ぶ。物の出し入れや、入れたものを探すためには、大きく開き、簡単に開閉できる口が理想であるが、物が中から飛び出したり、盗難に遭わないようにするためには、しっかりと閉じる口のほうがよい。このような相反する条件は、それぞれのバッグの目的や役割によって違ってくるので、バランスをとりながらデザインする。

代表的な口の種類は大きく分けて、開いている作りと、閉じている作りの二つある。

口が開いている作り

①開放型
開口部を覆ったり、閉じたりしないで開けたままのもの。補助的にマグネットやホック、べろなどをつけることもある。物の出し入れが容易だが、安全性が低い。

②巾着型
開口部にひもを通して絞ることで閉じるもの。柔らかい素材に適している。

③かぶせつき
かぶせ(開口部を覆うふた)がついたもの。マグネットやひねりなどの金具によって留めるものが多い。

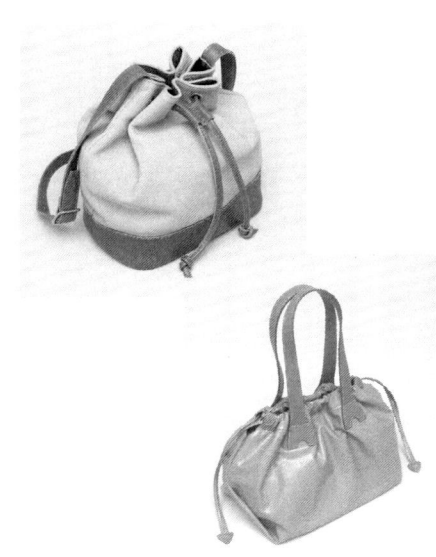

口が閉じている作り

①ファスナーつき
ファスナーで口を閉じるもの。ファスナーは軽く、開閉が簡単である。柔軟性があり、袋の形の変化に自由に順応する。ただし、縦方向には曲がりやすいが、横方向にはあまり曲がらない。

②口金つき
口金(金属や樹脂でできた枠)で口を閉じたもの。口金はゲンコやオコシと呼ばれる部分で留める作りになっている。開口部が大きく広がり、使い勝手がいいが、特に金属製のものは重さが増す。

第1章 バッグの概説

(3) 持ち手（持ち方）

持ち手はバッグを持ち運びしやすくするためのもので、バッグの大きさや予想される内容物の重量に適した構造にし、持ったときの持ちやすさや、見た目のバランス、開閉の邪魔にならないかなどを考慮して取りつける。また、胴面やまちのどの位置につけるか、持ち手の長さ、太さ、構造などによって使いやすさが変わってくるので注意が必要である。

ここでは、代表的な持ち方の種類と、持ち方によるバッグの名称を紹介する。

①手に提げる
腕に掛ける、または手で持つ。

手提げ

②肩に掛ける
肩に掛けて持つ。片方の肩だけで持つ場合と斜め掛けにして持つ場合がある。

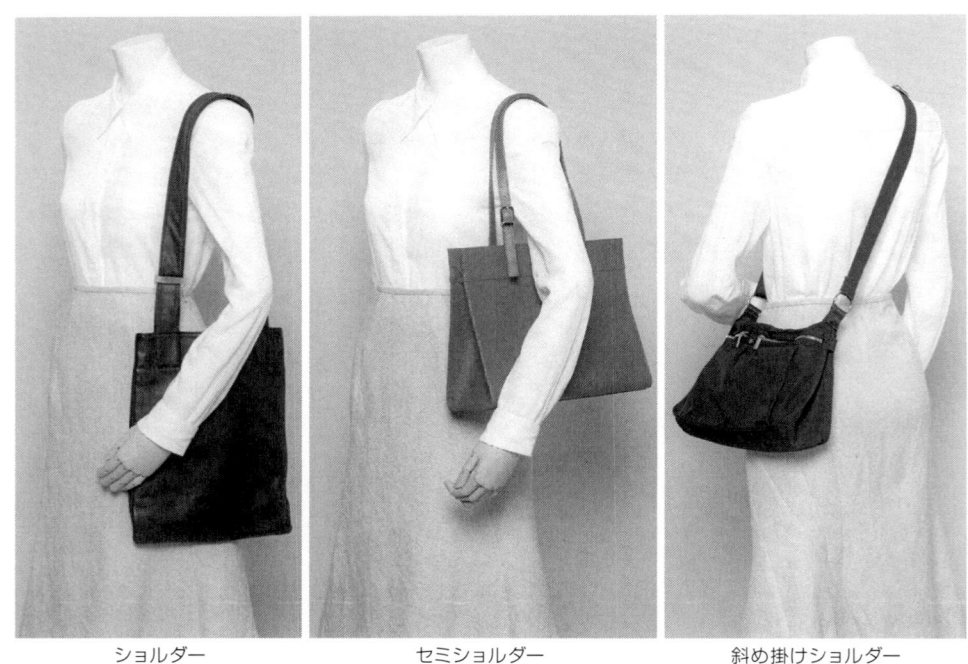

ショルダー　　　セミショルダー　　　斜め掛けショルダー

③**背負う**
両肩に掛けて背中で持つ。

リュック

④**抱える**
持ち手がなく、抱えて持つ。

クラッチバッグ

⑤**腰に巻く**
ベルトのように腰に巻いて持つ。

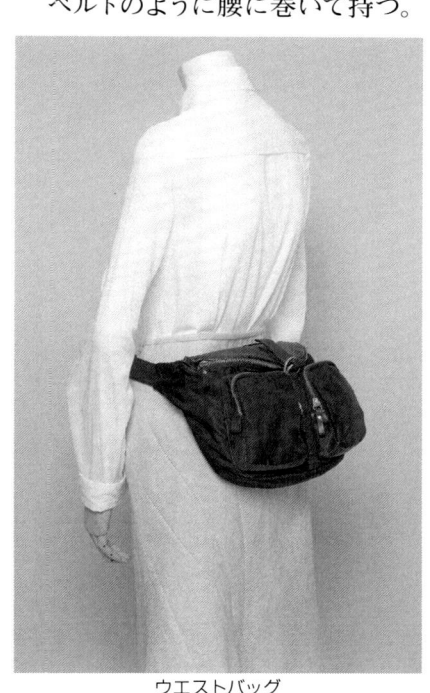

ウエストバッグ

⑥**引く**
キャスターつきで、手で引いて持ち運びができる。

キャリーバッグ

⑦**兼用型**
二つ、またはそれ以上の持ち方ができる。

ツーウェイ／スリーウェイ

3. バッグの名称

バッグは、用途、持ち方、形、素材、中に入れるもの等、さまざまな角度から名称がつけられている。また、流行の変化によっても、新しい名称が生まれているので、バッグの名称は無限にあると言ってよい。ここでは、一つのバッグに対してさまざまな呼び方ができる例を紹介する。

	用途による名称	持ち方による名称	その他の名称（名称の理由）	作りによる名称		
				まちの作り	口	素材
	リクルート	セミショルダー		横まち	開放型（中いちファスナー）	合成皮革
	ビジネス	手提げ		通しまち（外縫い）	かぶせ	牛革
	ビジネス	ツーウェイ		通しまち	ファスナー	ナイロン×革付属
	トラベル	2本手　手提げ	ボストンバッグ（全体の形状）	通しまち	ファスナー	ナイロン×革付属
	パーティ（フォーマル）	1本手　手提げ	ビーズバッグ（装飾素材）	曲げまち	口金	サテン×ビーズ
	パーティ（フォーマル）	1本手　手提げ	ボックス（作り方）	横まち	かぶせ	布
		2本手　手提げ	トートバッグ（全体の形状）	横まち	開放型（中いちファスナー）	牛革
		2本手　セミショルダー	かごバッグ　雑材バッグ（メインの素材）		開放型　べろつき	がま草×豚革
		2本手　セミショルダー	メッシュバッグ（素材の加工方法）	曲げまち	開放型　マグネットつき	ポニー（馬革）×牛革
		2本手　手提げ	くり手バッグ（持ち手の形状）	曲げまち	開放型　べろマグネットつき	合成皮革
		2本手　手提げ	バケツ型バッグ（全体の形状）	小判底	開放型	牛革（パンチング）

第2章

素材と副資材

　バッグの素材は幅広くあるので、用途に合ったものを選ぶことが大切である。また、裏地や金具、ファスナーなどの副資材もデザイン面や機能面のバランスを考えて選ぶことが大切である。この章ではバッグを製作するうえで基本になる主素材、芯材、裏地、金具、ファスナーなどを解説する。

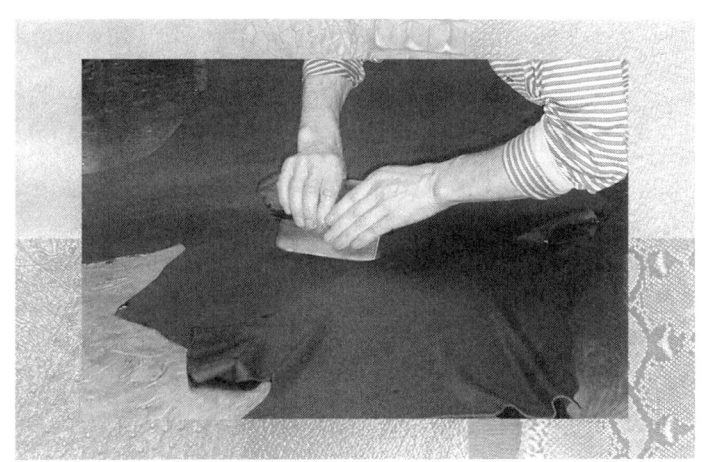

1. 天然皮革

皮革の歴史はとても古く、紀元前3300年以前の石器時代の人間が着用していた皮革や毛皮で作られた衣服、帽子、靴、腰ベルトなどが残っている。中でも腰ベルトには物を収納する革袋（バッグ）がつき、古くから物を持ち運ぶ袋に皮革が使われていたことがわかる。また、天然皮革は気温や湿度の変化に強く、収納物を保護する点に優れているうえに風合いの美しさもあるため、バッグに適した素材とされている。

一般に天然皮革とは、動物の皮（原皮）をなめして革にしたものをいう。なめすとは、皮はそのままだと腐敗したり硬くなったりするので、耐久性や可塑性を高めるため行なう加工をいう。

革として利用されているのは脊椎動物に限られており、中でも哺乳類・爬虫類に属する動物が多く利用され、鳥類・両生類・魚類に属するものは全体で見ると種類も少ない。哺乳類の豚・牛・水牛・ヤギ・羊・馬などは家畜として飼育されているため生産量も多く、最も一般に利用される革である。しかし、国内では家畜の頭数が少ないため、生産される原皮は少量である。そのためほとんどの原皮を輸入に頼っている。ただし、豚皮だけは国内で自給でき、その一部を輸出している。

〈皮革として利用される主な脊椎動物〉
　　哺乳類—豚・牛・水牛・ヤギ・羊・馬
　　爬虫類—ワニ・蛇・トカゲ
　　鳥　類—ダチョウ（オストリッチ）
　　両生類—カエル
　　魚　類—サメ　など

牛、羊などの家畜のほかに野生の動物が利用されるのは、それぞれの表面に美しい模様があり、しかも希少価値があるからである。ただしワシントン条約によって野生動物の利用には制限がある。このため、現在製品に使われる野生動物のミンクなどの毛皮をはじめ、オストリッチやワニなどはこの条約に基づき飼育、輸入されたものを使用している。ワシントン条約の正式名称は「Convention on International Trade in Endangered Species of Wild Fauna and Flora（絶滅のおそれのある野生動物の種の国際取引に関する条約）」である。略称でサイテス（CITES）と呼ばれている。日本は1980年11月に正式な加盟国となった。この条約の目的は、野生動植物の国際取引規制を輸出国と輸入国が協力して実施することにより、採取、捕獲を抑制して絶滅のおそれのある動植物の保護を図ることである。

バッグ業界では、ワニ、トカゲ、蛇、オストリッチなどを使用するが、ワニのほとんどは養殖されたものであり、トカゲ、蛇など養殖が難しいものは数量を制限して輸入している。また、ワニ革のバッグなど加工商品もその対象になる。

（1）なめしについて

皮は湿潤状態では腐敗してしまい、乾燥すると板のように硬くなってしまう。そのためさまざまな薬品処理などの工程を経て腐敗や硬くなるのを防いでいる。その方法を「なめし」といい、なめし前のものを「皮」、なめし後のものを「革」と文字で区別している。

なめしによって腐敗を防ぎ、乾燥状態でも柔軟で耐熱性、耐水性などに優れた性質になる。

●なめしの種類とその性質

革はそれぞれのなめし方法により性質が異なるため、使用目的によりどの種類がより適しているか選択する必要がある。

なめしには大きく分けて次のような種類がある。

クロムなめし
柔軟性・耐熱性に優れ、軽くて弾性があり肌触りもしなやか。塩基性硫酸クロム塩という化合物を利用し、細い長繊維のコラーゲンの間に橋を架けることによって、繊維どうしの空間を保ち、より生体時に近い柔らかさや機能を維持しつつも長期間革製品として使用できるように科学的処理を行なう方法である。金属なめしともいう。なめし上がった革は淡い青色をしており、直接染料で染めやすいのが特徴である。

タンニンなめし
硬くて丈夫、伸縮性が少なく形くずれしないなどの特徴があり、可塑性がいいので立体加工など、型入れに適している。革の繊維がよく詰まっているため、切った断面を磨くことでつやを出すことができる。また、近年ソフト加工の技術も進歩しており、オイル加工などによって柔らかい革も多く作られる。なめし方法は植物に含まれるタンニン（渋）を高純度に精製し、これらを溶かした液を使用する。古代エジプトから行なわれているもっとも古い方法である。

混合なめし
クロムなめしを基本にタンニンなめしなどの特徴を併用し、それぞれの長所を生かす方法。丈夫でしなやかな仕上りで、風合いもよい。「コンビネーションなめし」とも呼ばれ、毛皮の「明礬（みょうばん）なめし」やセーム革の「油なめし」などがある。

●なめしの工程

原皮（皮）は腐敗防止のため塩漬けや乾燥された状態で保存、輸送される。一般的になめしの工程を区分すると、次のとおりになる。

　　①準備作業→②なめし作業→③仕上げ作業

次に各作業を追って簡単に説明する。

①準備作業

- 水漬け……… 皮に付着している血液や汚物を取り除き、輸送のために脱水した水分を戻し、生皮の状態にする。ドラムの中で約24時間、回転させながら行なう作業。後の薬品処理をスムーズに行なうために重要な工程である。
- 裏打ち……… 裏打ち機（フレッシングマシン）で皮の内側や裏面に付着している肉片や脂肪を取り除く。
- 石灰漬け…… 石灰の持つアルカリ性の作用で毛根を緩め、皮を膨張させ繊維をときほぐす。
- 脱毛………… 毛根の緩んだ皮を脱毛機（スカッティングマシン）に掛け脱毛し、銀面をきれいにする。
- 整理………… 脱毛した皮に残っている毛をさらに取り除き裏打ちするなどして厚さを整える。
- 脱灰………… 皮の中に残った石灰や不要なタンパク質を取り除き、なめし剤を浸透しやすくする。

②なめし作業

- 浸酸………… 脱灰の終わった皮を水洗いし、クロム塩が浸透しやすいよう、回転するドラムの中で塩と酸に通す。
- クロムなめし… あらかじめ調節しておいたクロム液をドラム内に加え、皮に均一に浸透したらアルカリ剤で中和させる。これによりクロムが皮のタンパク質と結合し「革」になる。
- 裏すき……… 革の裏面をシェービングマシンにかけ、革の厚さを一定にする。
- 再なめし …… 各種用途に適した性質の革を作るために、合成なめし剤やタンニンなめし剤を使って特性を持たせる。
- 染色 ……… ドラムの中に再び革を入れ、回転させながら染料で染色する。（写真1）
- 加脂………… 精製された生油や合成油脂を用いて、革に柔軟性などの特性を持たせる。

③仕上げ作業

- 乾燥………… 革の中の染料や加脂剤を固着させるために自然乾燥、あるいは熱風乾燥させる。革の感触にとって直接的に影響する重要な工程である。
- 味入れ……… もみほぐしやすくするために革に水分を与える。
- ステーキング… 乾燥後の革をもみほぐし、柔軟性や弾力性をつける。
- 張り乾燥…… ステーキングの終わった革を板、金網、ガラスなどによく引っ張って広げ、張りつけて乾燥させる。
- トリミング… 製品に仕上げるのに不必要な縁（革の回り）、釘の跡などを切り落とし整理する。
- バッフィング… スエードなどにする場合や裏面をきれいに仕上げる場合にサンドペーパーのついたロールの機械で削り落とす。
- 吹きつけ…… 外観の美しさを色やつやで強調する。
- つや出し・型押し …ロールアイロン・グレージングマシン・油圧アイロンなどでつや出し加工。場合によりロールマシンなどを用い型押し加工などで仕上げる。

染色用ドラム

張り乾燥作業（革を引っ張り、しわを伸ばす作業）

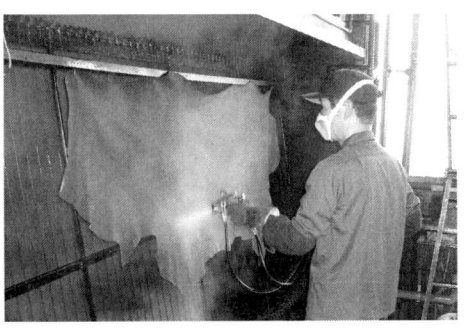

吹きつけ作業（色の調節作業）

(2) 皮の構造と成分

皮の構造は、外側に表皮があり、その下に最も大切なコラーゲンというタンパク質繊維でできた真皮(乳頭層と網状層)がある。真皮のうち乳頭層の部分を銀面と呼び、網状層の部分を床面(床革)と呼ぶ。(図1)

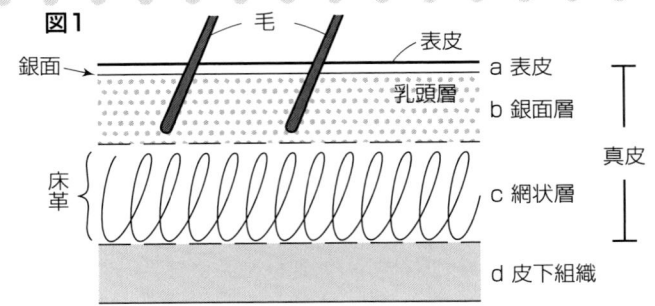

●皮の繊維構造

皮はその動物の持つ繊維構造を利用しており、皮の部位によって伸びる方向性などが大きく変化する。図2のように繊維の方向に沿って伸びは少なく強度があり、繊維に対して直角に伸びやすくなる。バッグ・かばんを製作するうえで、強度を必要とする場所には伸びの少ない繊維方向でとり、逆にしわなどが出やすい場所や柔らかさを強調したい場合は伸びやすい繊維方向を使用する。特に裁断時には繊維構造を理解し、革にある傷などを避けながら裁断することが大切である。

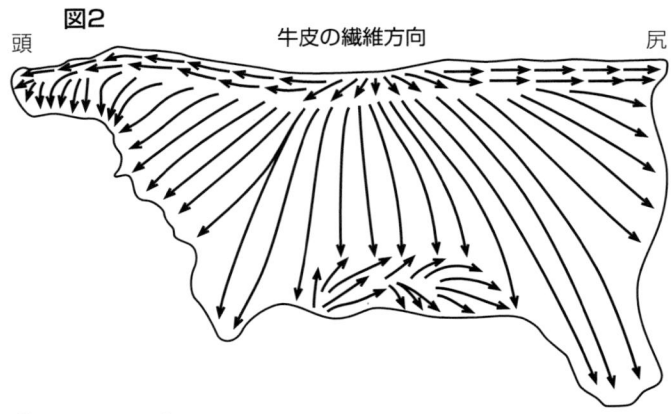

●部位の名称と特徴

同じ1枚の革でも、ヘッド、ショルダー、バット、ベリーなど、部位によって名称がついており、それぞれの部位で繊維の特徴が異なる。

①ヘッド(頭部)
　繊維は粗く、傷が多く、厚みも一定ではない。

②ショルダー(肩部)
　首から前足のつけ根までの部位。センターバット・バットに次いで良質な部位にあたり、厚みも比較的一定である。

③バット(背部~殿部)
　背中から殿部にかけての名称。殿部に焼印(ブランド)を押されている革もある。厚みもあり丈夫である。

④センターバット
　バットから殿部を除いた背部。ここの部位が最も丈夫で良質とされる。厚みも比較的一定である。

⑤ベリー(腹部)
　繊維が粗く、柔らかく伸びやすい部位。

⑥オッファル(だき部)
　脇の下や股の部分にあたる。繊維が粗く非常に伸びやすい部位のため、他に比べ革すきなどの加工が難しい。

⑦シャンク(肢部)
　繊維は粗く、傷も多く、厚みも一定ではない。

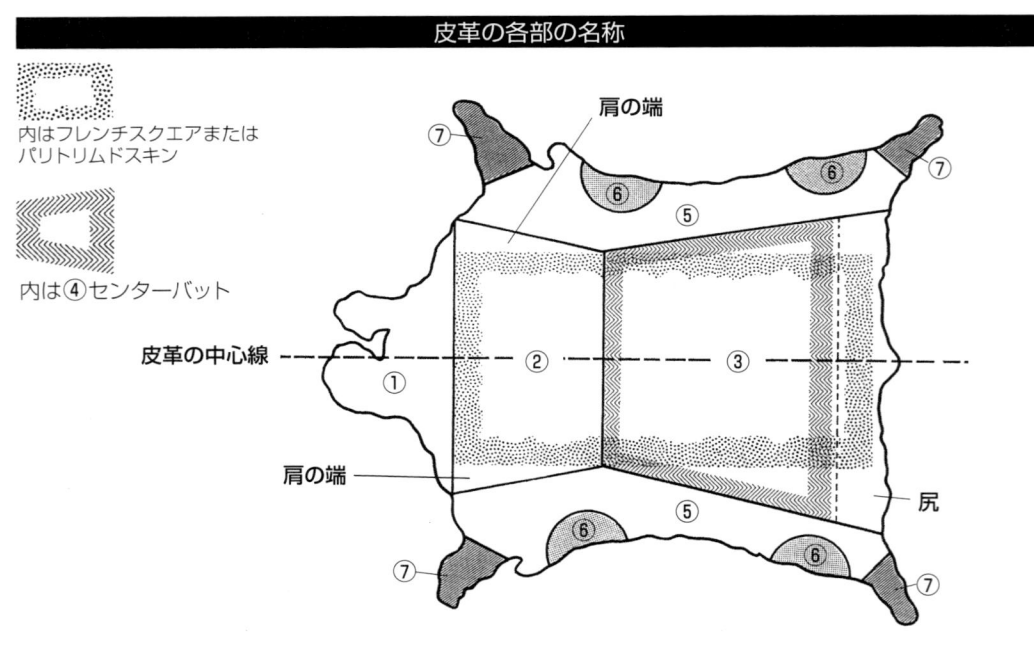

(3) 動物の種類別皮革の特徴

●一般的な革の特徴

革は他の素材に比べ、下記のような優れた特性がある。

- 肌触り、感触に優れている。
- 保温性があり、触れると暖かく感じる。
- 気温による変化が非常に少ない。
- 通気性があるので内側の湿気を放出する。
- 適度な可塑性と弾力性があり、各種の形状に加工しやすい。
- 切り口が裂けにくく、ほころばない。

以上のような長所がある反面、次のような欠点もある。

- 品質・形状が一定でなく、部分によって明らかに性質が異なる。そのため裁断時の歩留りが悪く、大きな面積で均質なものがとれない。
- 色落ちしやすい。染色堅牢性が悪い。
- ぬれたときは熱に弱くなる。

●革の種別

牛革

カーフスキン……生後6か月以内の子牛の革。銀面はきめが細かく柔らかで、触りもしなやかで美しい。

キップスキン……生後6か月〜1年余までのもの。カーフよりもややきめは粗いが、その分やや厚く強度も増す。

ステアハイド……生後3〜6か月の間に去勢した、生後2年以上の牡牛の革。厚みがあり最も多く供給されている。

ブルハイド………生後3年以上の牡牛の革。厚手で繊維組織も粗い。

カウハイド………生後2年以上の雌牛の革。ステアに比べ薄手できめが細かい。

地生………………国内産の牛のことで、牛皮のまま取引されたことから地生（じなま）と呼ばれる。海外の革より傷も少なく、きれい。

馬革

ホースハイド……革が大きく牛革に比べ繊維が粗いが、銀面がなめらかで柔らかい。

コードバン………繊維が密に詰まった、板あるいはセルと呼ばれる部分が左右の殿部（バット）網状層の中にあり、なめしたものをコードバンと呼ぶ。丈夫で湿気などにも強い。

羊革

シープスキン……成羊革。薄く、軽く、柔軟性に富んでいる。

ラムスキン………子羊革。シープスキンより小さく、繊維質は密で柔らかい。

ヤギ革

ゴートスキン……成ヤギ革。羊革より充実した繊維組織を持ち、強く、やや硬さがある。銀面は特有な凹凸を持ち、耐磨耗性にも優れている。

キッドスキン……子ヤギ革。ゴートスキンより小さく、繊維質は密で柔らかい。

豚革

ピッグスキン……丈夫で磨耗に強い。繊維差が大きく殿部（バット）が密で硬い。また、国内で自給できる唯一の革でもある。

カンガルー革…比較的薄くしなやか。軽くて丈夫なので高級品になる。野生動物であるため、銀面に傷が多い。

鹿革

ディアスキン……傷が多いので銀面を除いて使用されることが多い。厚みが不均一であるが非常に柔軟である。

ワニ革…………アリゲーター、クロコダイルなどの革。独特のうろこ模様が美しく、丈夫である。爬虫類の中では最高級。

蛇革……………美しい斑紋のある錦蛇が主流で、コブラ、水蛇など各種の蛇革がある。

トカゲ革………リングマーク、ベンガル、オーバル、アグラなど多種である。

ダチョウ革……オストリッチと呼ばれる。背部を中心に突起があるのが特徴。ダチョウの足部分の革をオストレッグと呼び、背部とは別に取引される。

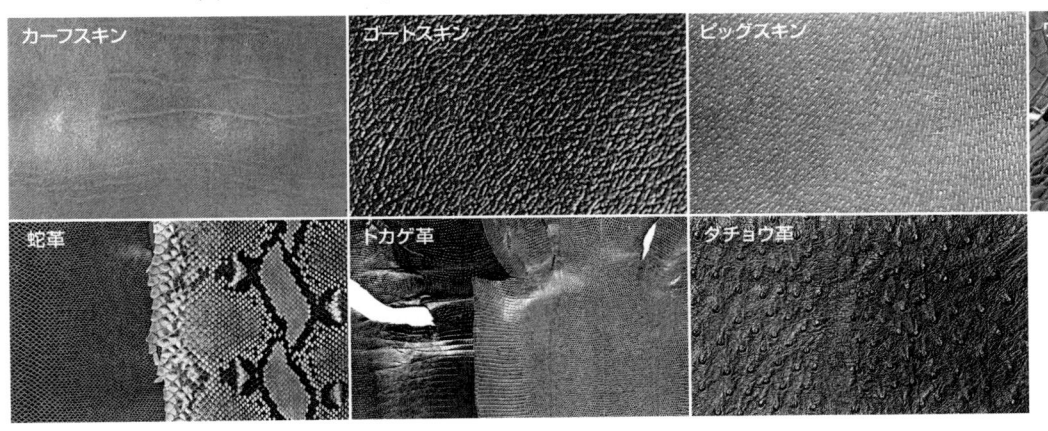

（4）仕上げ別皮革の特徴

銀つき革	本来革の持つきめを生かした革で、柔軟で光沢があり用途も幅広い。	染料仕上げ	染料のみを使用する仕上げで、透明感のある色が特徴である。本来皮の持つきめを生かすため原皮の傷や血筋が目立ちやすい。素肌のきれいな高級革の仕上げによく使われる。「アニリン仕上げ」とも呼ばれる。
		顔料仕上げ	顔料を使い革の表面の傷や血筋を隠すことができる。染料仕上げより色落ちに強く、若干の耐水性もある。顔料の使用量が多いと透明感のない革になる。
		染料と顔料	染料と顔料を併用して互いの良い要素を生かした仕上げ。「セミアニリン仕上げ」とも呼ばれる。
ぬめ革			タンニンなめしで染色、塗装仕上げを施さない素上げの革をいう。染料で彩色やクラフト的に型を押す、または水分を含ませ型入れなど加工がしやすい。肌色の革は紫外線などにより日焼けしやすい。
オイルレザー			革の仕上げ工程の段階で専用の動物性油、ウールグリース、合成油などを加えてしっとりとしたぬめり感を出した革。オイルの量にもよるが肉厚な革もソフトに仕上がり、針の通りもよい。また、多少重量感がある。
ガラス張り革			クロム革の製造の工程でガラス板やホーロー板に張りつけて乾燥させて、次に銀面をバフがけして傷などを削った後に塗装仕上げした革。表面は傷も少なくきれい。ただし、やや硬い仕上りで、ひっくり返しなどのソフトバッグには不向きである。
エナメル革			ウレタンなどの合成樹脂仕上げ剤を塗布、乾燥を繰り返す方法。「パテントレザー」とも呼ばれる。
型押し革			タンニンなめし革、またはクロムとタンニンの複合なめし革の銀面または塗仕上げ面をプレス機で圧力をかけながら加熱、凹凸の型を押すことによりさまざまな模様をつける方法。傷なども目立たなくなる。
床革			皮を2層以上に分割して得られた、銀面を持たない床皮を原料にした革。ベロアのように起毛仕上げをした革を「床ベロア」と呼ぶ。銀面がないため革すきなどで薄くすると強度面で弱く、ある程度の肉厚のままで使用することが多い。値段は安価である。
シュリンク革			なめしの工程で薬品処理をすることで銀面に縮み加工を施した革をいう。革のしぼを強調した独特の風合いがあり、やわらかい仕上り。
もみ革			代表的なものをエルクといい、革をもんで肌に優雅なしぼをつけたもの。水もみ、角もみ、八方もみなどがある。
スエード革			革の肉面をバフしベルベット状の毛羽を持つように起毛仕上げした革で、主に子牛革など小動物より作られる。
ベロア			成牛革のように繊維質の粗い革をスエード調に仕上げた、毛羽のやや長いものを「ベロア」と呼ぶ。
ヌバック			銀面をバフして毛羽立てた革で、スエードに比較すると毛羽が非常に短くビロード状である。
バックスキン			鹿革の銀面を除去し、毛羽立てた革。極めて柔軟で、スエードと同様の用途に使われる。
セーム革			鹿皮を油なめしして仕上げた革。柔らかで手触りがよく、選択できる淡黄色の革。
印伝革			鹿革を脳しょうでなめして白革にし、煙で着色を行ない、漆で模様をつけたもの。現在では、大部分がホルマリンで白革が作られ、染色加脂後、漆で模様がつけられている。
あめ豚			ピッグスキンをタンニンなめしして、アニリン染料で染色、銀面を摩擦してあめ色に仕上げたもの。
毛皮			毛をつけたままなめして仕上げた革。毛皮の種類、用途などに応じてアルミニウムなめし、クロムなめし、アルデヒドなめしなどが行なわれる。高級品ではミンク、セーブルなど、大衆品ではウサギ、羊などがある。
はらこ			生後間もない毛並みのよい子牛の革。自然のままの光沢を持つ2mmぐらいのショートヘアや色、柄を生かして使用する。
リサイクルレザー			革のいらなくなった部位を粉砕し、特殊樹脂で固めた革。芯材としても使用される。
スプリットレザー			革の床面を利用し、表面にウレタンコートなどの加工をし銀面のような風合いを出した革。実際には銀面がないため、強度は通常の革に劣る。

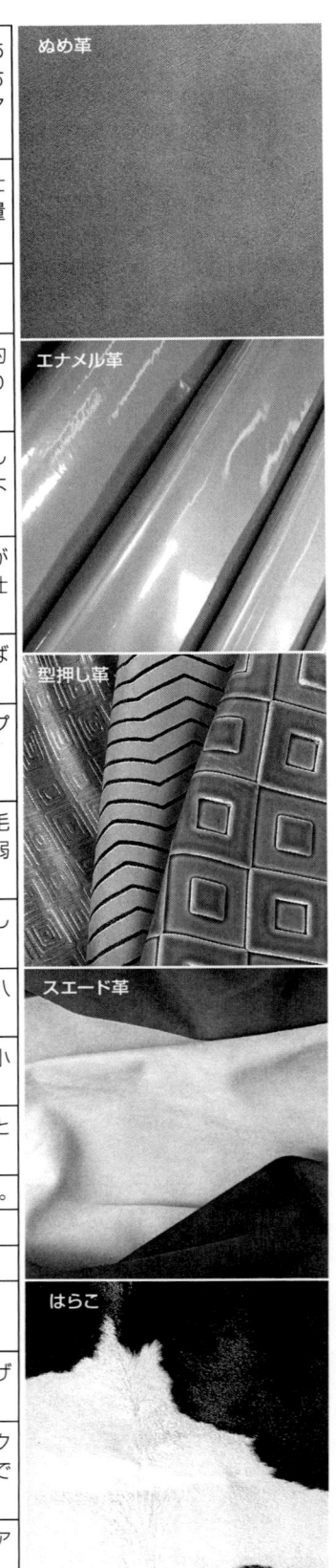

2. 合成皮革と人工皮革

皮革に代わる素材として合成皮革や人工皮革が使用される。共に人工的に作られるため、生地のように反物として生産される。天然皮革に比べ安価で、方向性やくせがなく合理的な裁断ができるので、経済的な生産が可能である。また、天然皮革に劣らない素材も多く開発されており、軽量化や防汚性など皮革にはない機能を生かし、高級バッグ素材としても使われている。

(1) 合成皮革（合皮）

織物や不織布などを基布としてポリウレタンやポリ塩化ビニールなどの合成樹脂を塗布し、天然皮革に似せて仕上げたもの。安価で軽く、耐水性、耐久性もある。現在では一般的に合成皮革といえばポリウレタン系をさしている。合成皮革は製法上「乾式合成皮革」と「湿式合成皮革」に分類される。

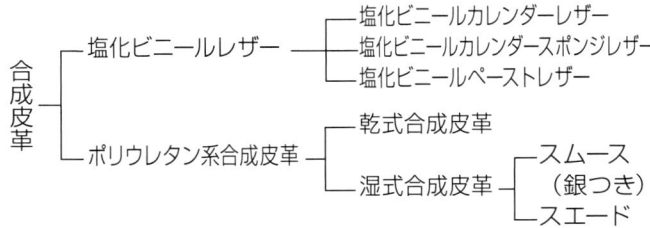

(2) 人工皮革

天然皮革の組織構造を人工的に作り出した素材で、通気性のある点で合成皮革と区別される。立体構造を持つ不織布を基布とし、超極細ポリエステルをはじめ、ナイロンなどの合成繊維とポリウレタン樹脂との三次元構造により、超微細な多孔構造になっている。合成皮革よりも高価で、天然皮革により近い素材である。天然皮革よりも軽量で撥水性や防汚性があるため、ランドセルなどにも多く使用される。

人工皮革 ── スムース（銀つき）
　　　　 └ スエード

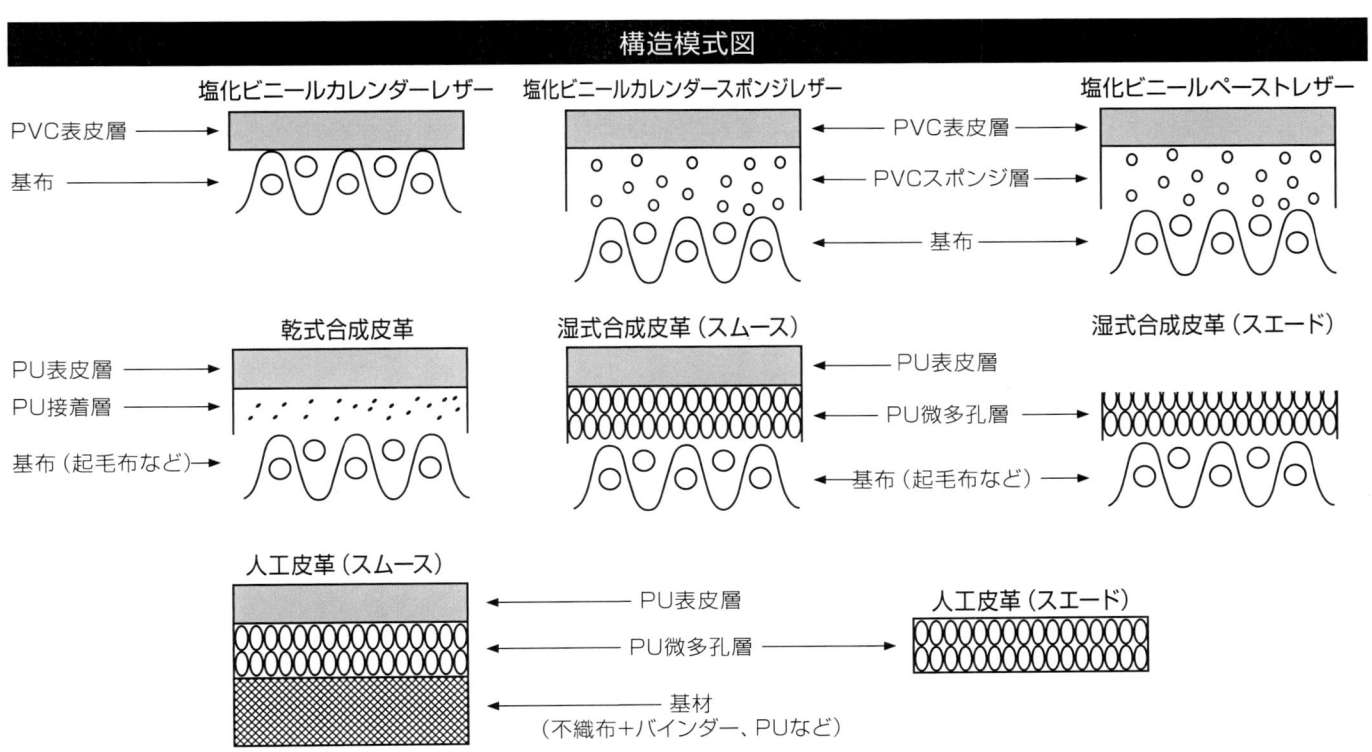

構造模式図

3. 繊維素材

バッグは革や合成皮革だけではなく帆布やナイロンなどの布帛も多く使用され、革とのコンビネーションでデザインされることが多い。布帛は天然繊維の綿や絹の他に石油や天然ガスから作られる合成繊維などがあり、ナイロンやポリエステルなどがそれにあたる。強度や磨耗性が優れ、軽量であるため、ビジネスバッグやアウトドア用バッグなど多くのバッグに使用されている。

布帛は種類や染色方法により色落ちの度合いが違うため、堅牢度検査（色落ち検査）を行なうことが多い。検査は乾摩擦堅牢度や湿摩擦堅牢度、耐光堅牢度など数種類あり、それぞれの条件で色落ちの度合いが1級（色落ちしやすい）から5級（色落ちしない）で評価される。一般的な商品として3級程度の品質が基本とされる。

また、布帛以外に植物性繊維のパナマや籐や動物性繊維のフェルトやウールなども多くバッグに使用される。

（1）天然繊維

天然繊維の糸の綿、麻、羊毛などは短い繊維で構成されている。短繊維の糸は「スパン糸」と呼ばれ、質感は柔らかく毛羽が多いため、つやの少ない深い色合いも特徴である。

天然繊維の糸の太さの単位を「番手」と呼び、〈s〉と表記される。重さ（1ポンド）を基準に、長さ（ヤード＝yd）が長くなるほど番手数が上がる。

例：840ヤード（約768m）の長さで1ポンド（4.536kg）の重さの糸を1番手（1s）という。

天然繊維の糸の番手
（1ポンドの重さに対する長さ）

	番手(s)	長さ(yd)
太	1	840
↑	5	4200
↓	10	8400
細	20	16800

（2）天然繊維の生地

天然繊維の生地の厚さは「号数」で表記される。経（縦糸）と緯（横糸）共に10番手（10s）の糸が何本で撚られるかで厚みに変化をつける。天然繊維の生地の中でも綿素材の帆布（キャンバス）などはバッグ素材として多く使用される。

天然繊維生地の号数
（10番手の糸の本数）

	厚さ(号)	経	緯
厚	6	4本	4本
↑	8	3本	3本
↓	10	2本	2本
薄	11	2本	1本

（3）合成繊維

ナイロン・ポリエステル・アクリル・レーヨンなどの合成繊維の糸の太さの単位を「デニール」と呼び、〈d〉と表記する。一定の長さ（9000m）に対しての重量で糸の太さが決まる。

例：9000mの長さで1グラムの重さの糸を1d（1デニール）という。

合成繊維の糸の太さ
（9000mに対する重さ）

	太さ(d)	重さ(g)
太	110	110
↑	210	210
	420	420
↓	630	630
細	840	840

※糸の種類や国によって単位が違うため世界共通の統一番手としてISO（世界標準化機構）により定められた単位を「テックス」と呼び、〈tex〉と表記する。一定の長さ（1000m）に対しての重量で糸の太さが決まる。

例：1000mの長さで1gの重さの糸を1tex（1テックス）という。

4. 芯材の種類

芯材はバッグ素材の補強や、一定の形状を保たせるために必要である。材質は紙、不織布、床革、スポンジなどがあり、目的とする効果が得られるような芯材の材質や厚さを選ぶことが重要である。また、芯材にはそれぞれ素材の方向性があり、裁断のときには注意が必要である。

一方、クッション材は素材に膨らみを持たせるなど、柔らかい雰囲気を出すためや緩衝材として使われる。芯材とクッション材を二重に使い、形状を保ちながら柔らかい風合いにする場合もある。

その他の芯材として、丸手の中に入れる丸芯（回転ひも、ガラ芯）や玉の中に入れるポリ芯など、種類やサイズも豊富にある。

●バッグ用の主な芯材
① ウェブロン……底芯や外縫いの場合の芯として使用する。
② PLBS………主に口前芯として使用する。
③ バイリーン……平手やべろ、かぶせなどの芯として使用する。質感はしなやかでこしがある。
④ スライサー……表材にこし感とボリュームを出すための裏貼り芯として使用する。
⑤ ダブラー………表材の伸び防止やこし感を出すための裏貼り芯として使用する。
⑥ 圧縮スポンジ‥クッション材として胴やまちなどに使用する。表材に裏貼りして、ボリュームを出し、すくこともできる。
⑦ コラビアン……持ち手や胴などの肉盛り芯として使用する。適度な厚みがあり、しなやかなので表材にボリュームを出すことができる。
⑧ ペフ……………クッション材としてボリュームを出したいところに使用する。柔らかく適度なこしがある。
⑨ ベルポーレン…主に底芯に使用する。硬く丈夫でしなやか。
⑩ 回転ひも………丸手用の芯。
⑪ ガラ紡…………丸手用の芯。回転ひもより柔らかい芯。
⑫ ポリ芯…………玉に張りを持たせるための芯。

5. 裏地の選び方

裏地は、表材の裏面を隠したり、収納品の保護のために重要である。一般的にバッグの裏地は適度な張り感と厚みが必要とされる。また、バッグは衣類と違い洗うことのできないものが多いので、防汚性を高めるため、裏地に撥水加工やほつれ止めの加工をしているものが主流である。裏地は下記の点に注意して選ぶことが大切である。

① ほつれ
荷物の出し入れが多く、収納物によっては裏地に負担が掛かるので、ほつれ止めの加工が必要になる。生地の裏にのり加工やアクリルコート、ウレタンコートなどの樹脂加工を施したものが一般的である。市販の生地を選ぶ際は、織りの粗いものやほつれやすいものを避ける。

② 色落ち
バッグにはいろいろなものを収納する可能性があるため、色落ちのしやすい生地を避ける。

③ 厚さ
表素材に合わせて適度な厚みの生地を選ぶことが重要である。

6. 縫い糸

縫い糸はそれぞれのパーツを縫い合わせるため、特に摩擦などに対する強度が必要になる。バッグ専用としてはポリエステル素材の糸が多く、色も豊富にある。糸の太さは番手で表示され、数字が小さいものは太く、数字が大きいものは細い糸になる。バッグを縫う場合は通常上糸は8～20番手、下糸は上糸よりも細い20～30番手の糸を使用する。

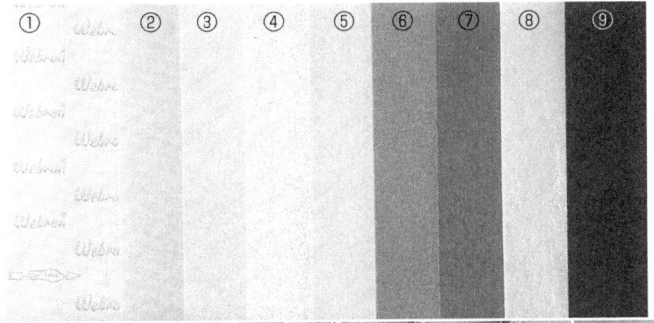

7. 金具・樹脂金具とファスナー

(1) 金具の種類

　金具の役割は主に装飾性と機能性である。小さなパーツでありながらも、その量感やメッキの質感などでバッグのクオリティやデザイン性を左右する要素となる。また、機能面では力がかかる部分の補強や開閉部を留める機能などがある。

　ここではバッグに使用する基本的な金具を説明するが、デザインやメッキの種類は豊富にある。これらをふまえて用途に合った金具を選ぶことが大切である。

●主な金具の種類と機能

①カシメ ……………縫わずに材料を留めたり、補強や飾りとして使用する金具。

②はと目 ……………丸く開けた穴の補強や飾りとして使用する。

③ポンねじ …………ダレス用の口金の根もとを留める金具。また、補強として厚みのある材料を留めるための金具。

④底びょう …………バッグ底部の保護や汚れ防止のため、底板の足としてつけられるびょう。

⑤ぎぼし ……………ベルトなどの開閉または脱着のための金具。革に専用の穴を開け、差し込んで留める。

⑥バックル …………ベルトなどの着脱や長さを調節するためのもの。

⑦マグネットホック …口前やかぶせを留めるための金具。マグネット式なので着脱しやすい。

⑧ホック ……………口前の開閉やベルトの長さ調節などに使用する。リング式とバネ式の2種類あるが、共に着脱に力が必要である。

⑨開閉金具…………口前開閉のための金具。ひねり、おこし、差込み錠、パチン錠、ケース錠、錠前などたくさんの種類がある。

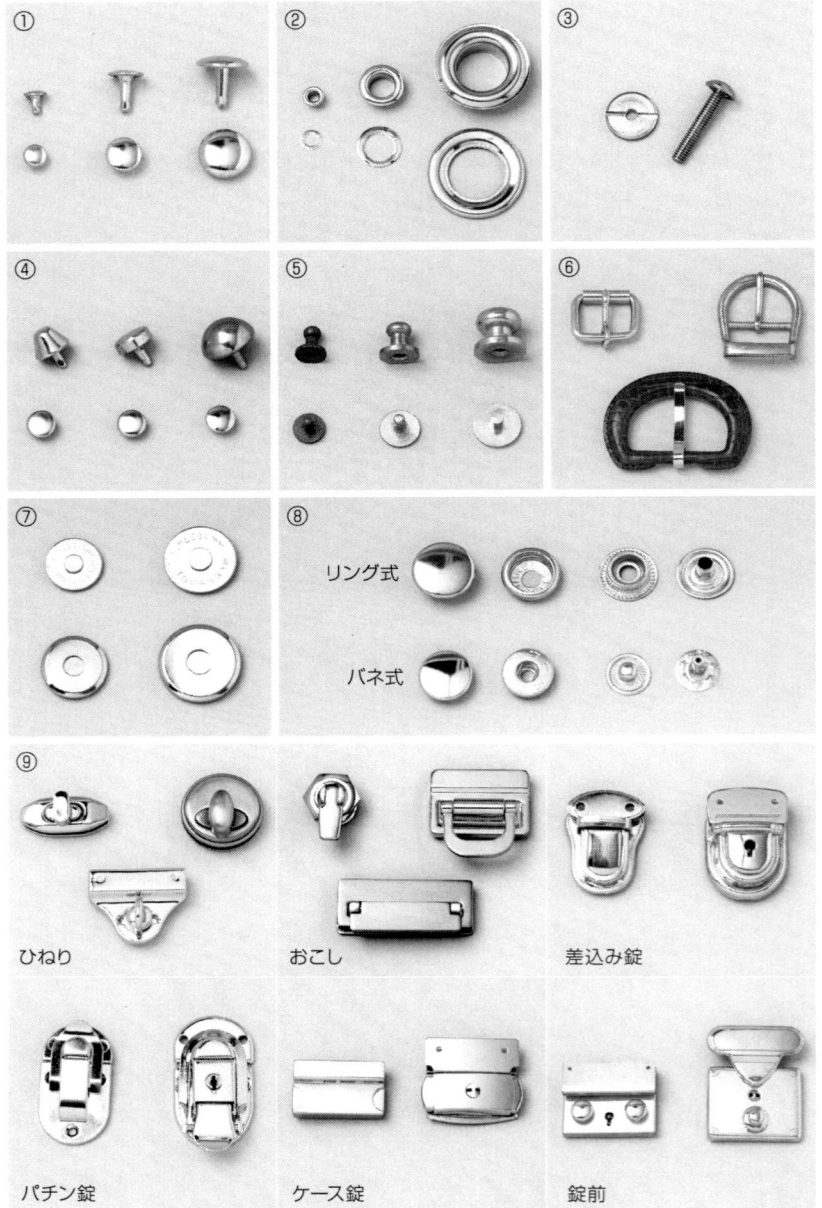

ひねり　　おこし　　差込み錠

パチン錠　　ケース錠　　錠前

⑩こき送り………テープ状のベルトを通し、スライドさせて長さ調節するためのかん。主に、ショルダーひもに使用する。

⑪なすかん………主に持ち手やショルダーひもの根もとに使用する。取りはずし可能で、ショルダーひもなどのねじれや動きに対して、自在に対応できる。

⑫手かん…………管状の金属を曲げて作るものと、鋳造で形作るものなどがあり、それぞれの形状で区別される。丸かん、Dかん、角かん、小判かんなどがある。主に持ち手やショルダーひもの根もとなどに使用される。

⑬口金……………開閉部分につける、枠も兼ねた留め金具。

⑭樹脂金具………樹脂金具は一般的な金属製の金具に比べ軽量である。また、種類も豊富で金属製では不可能な機能も持ち合わせる金具も多くある。ビジネス、スポーツ、アウトドアなどさまざまなシーンで欠かせない存在である。

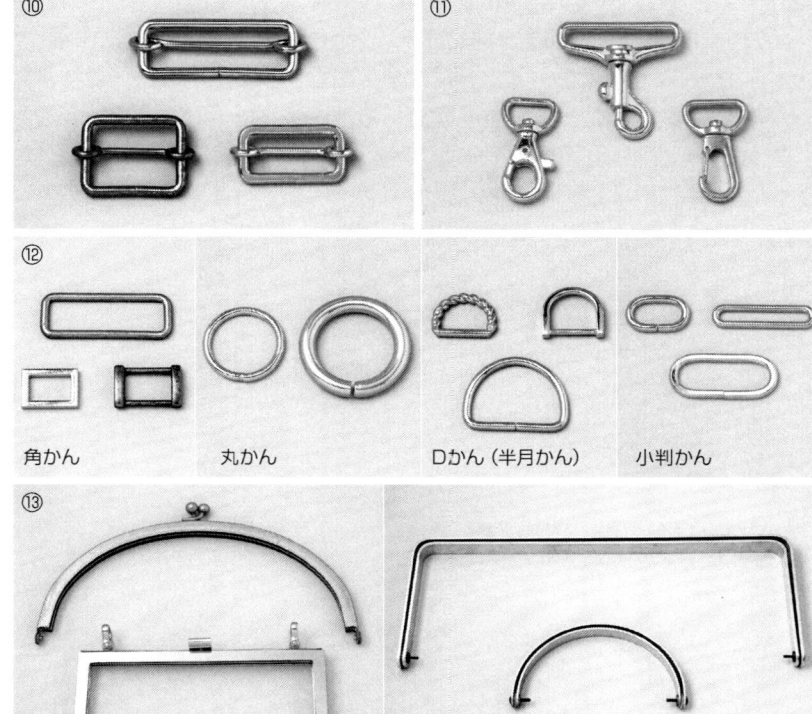

角かん　丸かん　Dかん（半月かん）　小判かん

ダレス用

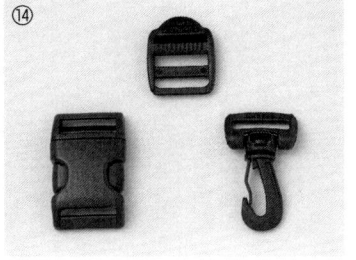

● メッキと着色

金具のメッキの種類は豊富であるが、主に既製品で購入する際にそろえやすいメッキの種類は下記の3種類である。

①金色
　金メッキには純金と代用金があり、純金メッキが良質で高級である。「G」と表記される。

②銀色
　銀色のメッキ方法は数種類あるが、ニッケルメッキが一般的である。「N」と表記される。

③アンティーク色
　銅メッキを下地に黒く着色し、部分的にふき取り、古びた陰影をつけたメッキ。「AT」と表記される。

第2章　素材と副資材

（2）ファスナーの構造

ファスナーはバッグの開口部やポケットなどに欠かせない存在である。種類はコイルファスナー、金属ファスナー、ビスロンファスナーなどを中心に豊富にある。

ファスナーを選ぶ際は、バッグのデザインやイメージに合った種類、使用する素材や付属金具のメッキに合わせた色を選ぶことが大切である。

ファスナーのサイズは小さい順にNo.3、5、8、10などがあり、主にバッグの表にはNo.5、裏地のポケットにはNo.3を使用する。

●ファスナーの原理

エレメントのかみ合う仕組み
・スライダーによって湾曲させて歯車の原理でかみ合う（閉じる）
・スライダーを逆に引けばエレメントは離れる（開く）

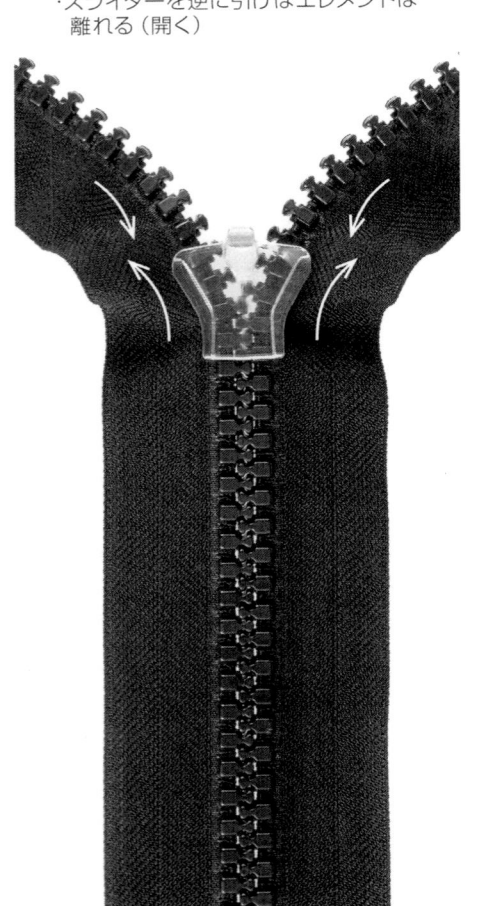

●ファスナーの構造

ファスナーは、テープ、エレメント（務歯）、スライダー（開閉部品）の三つの部分に大別できる

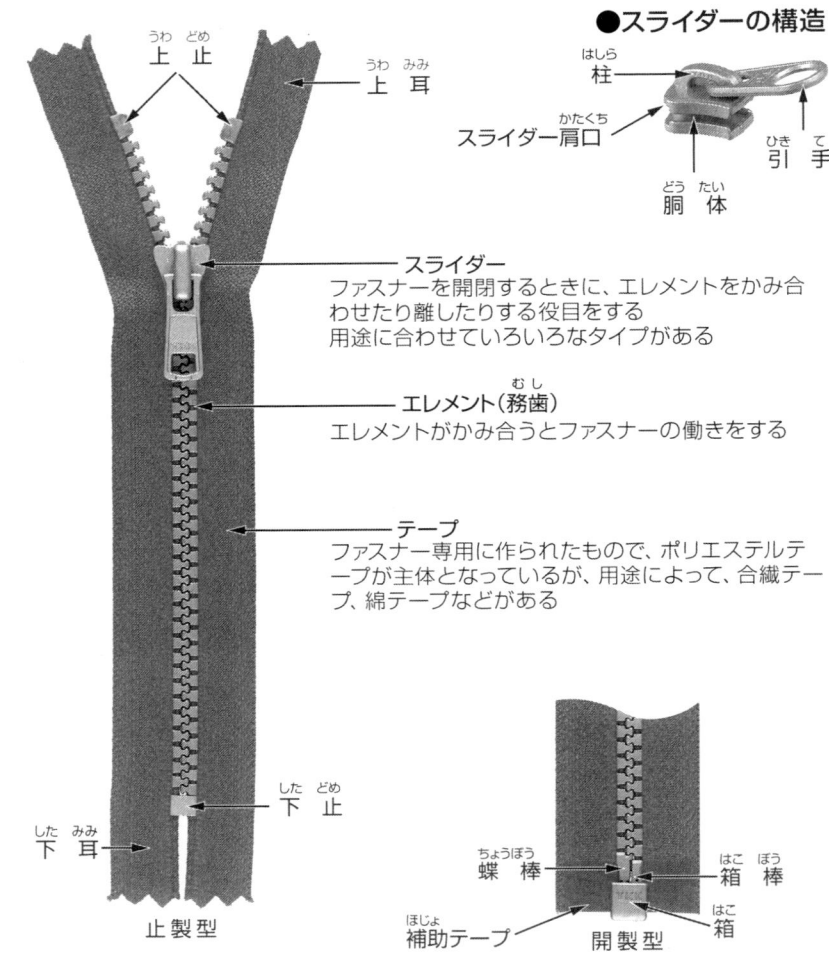

スライダー
ファスナーを開閉するときに、エレメントをかみ合わせたり離したりする役目をする
用途に合わせていろいろなタイプがある

エレメント（務歯）
エレメントがかみ合うとファスナーの働きをする

テープ
ファスナー専用に作られたもので、ポリエステルテープが主体となっているが、用途によって、合織テープ、綿テープなどがある

●主なファスナーの種類

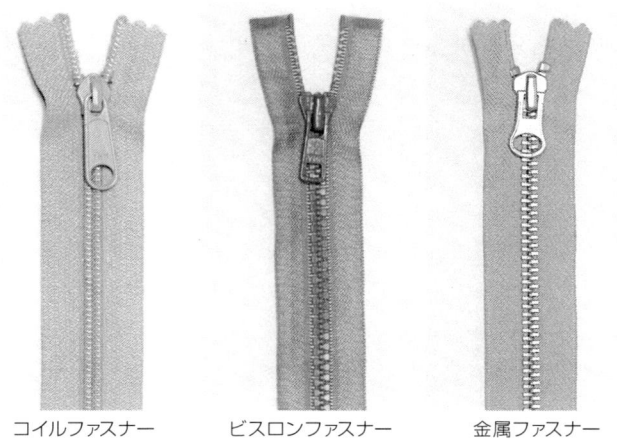

コイルファスナー　　ビスロンファスナー　　金属ファスナー

第 3 章

バッグ製作の用具

　バッグを製作するための用具は、型紙作り、裁断、縫製準備、縫製と使用目的別に分類することができる。ここでは、用具の名称とその特徴、主な用途について説明する。

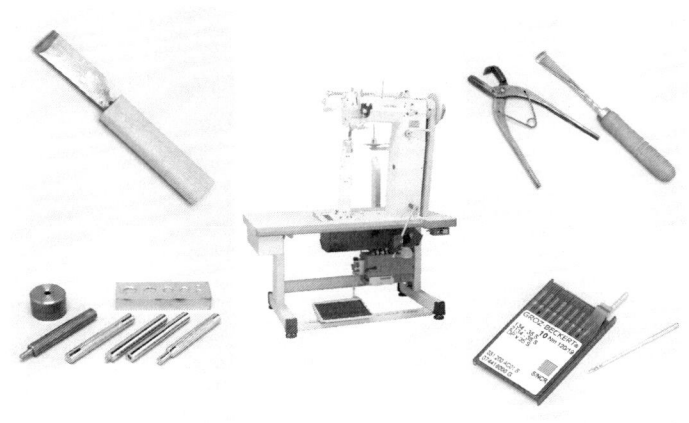

1. 型紙作り・裁断のための用具

①包丁……………革、布、芯、型紙などすべての裁断に使用する。
②砥石……………包丁の刃を研ぐためのもの。
③定規……………長さをはかったり、線を引くために使用する。金属製の定規（金尺）は、包丁やカッターなどで直線を切るときに便利。
④皮革用コンパス ……型紙に縫い代をつけるときなどに使用する。両足とも先のとがった金属製で、ねじで幅を調節することができる。
　（ディバイダー）
⑤目打ち…………型紙作りでは、中心線を入れたり、合い印を写すときに使用する。また、ミシンかけのときに細かい部分を押さえるために使用する。
⑥銀ペン…………革に型紙を写したり、印をかき込むときに使用する。革によっては消えないこともあるので、試してから使用する。
⑦文鎮……………型紙を動かないように押さえるために使用する。

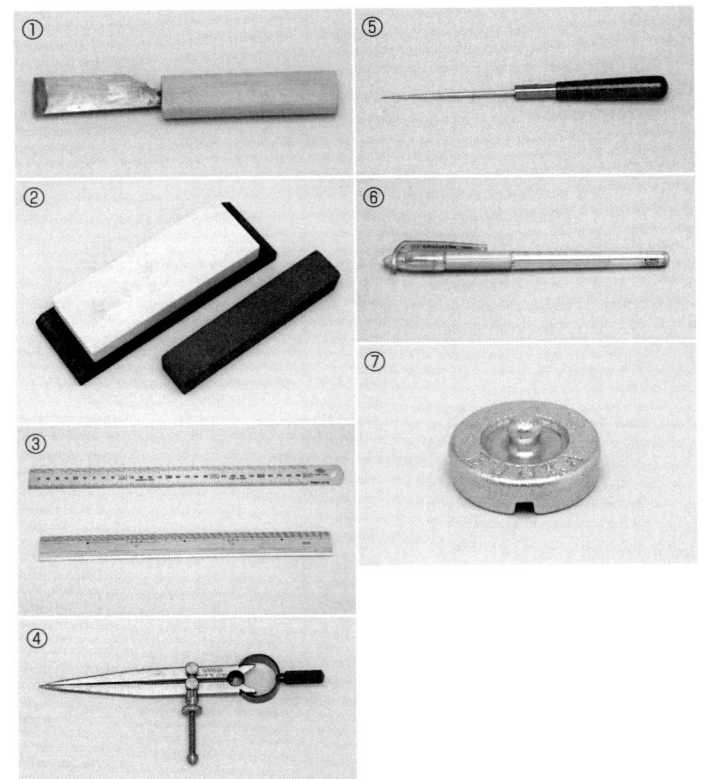

2. 縫製準備・縫製のための用具

①接着剤……縫いずれを防ぐためしつけ代りに使用するものと、ミシンをかけない、貼り仕立てのときに使用するものがある。
　〈ゴムのり〉
　接着面が起毛している箇所に使用する。接着する両面にのりをつけ、乾かしてから貼る。
　〈DBボンド※〉
　貼り仕立てなどのミシンをかけないところに使用する。接着する両面にボンドをつけ、乾かしてから貼る。
　〈白ボンド〉
　口金の革巻き、はめ込み、裏布の貼込みなどに使用する。乾くと透明になる。
　〈両面テープ〉
　主に、銀面を接着するときに使用する。

※印のある名称は商品名

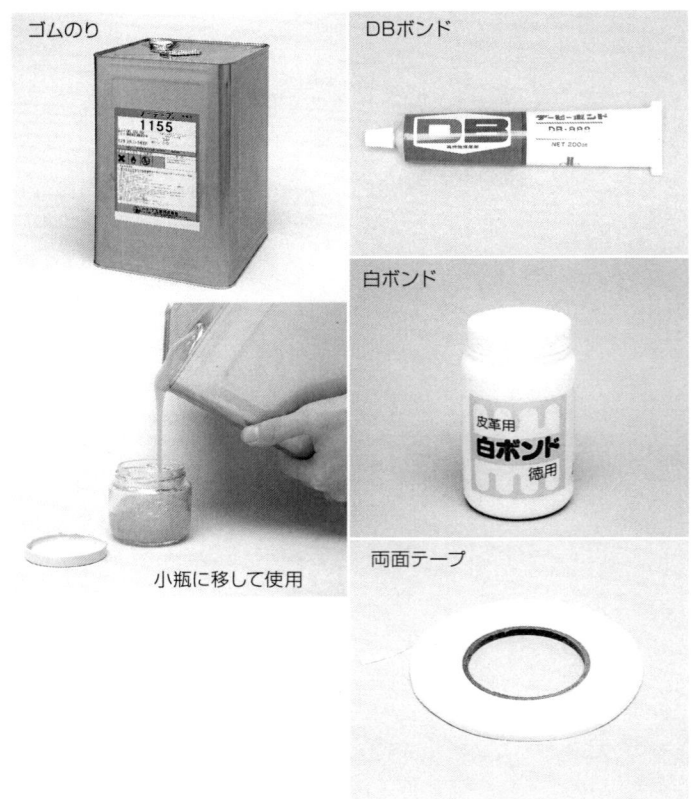

②のりべら …………… 接着剤をつけるときに使用する。
③金槌 ……………… 金具を打ちつけるときに使用する。また、のりの接着を押さえるときや、折り目をつけるときなどに使用する。
④セミクリップ ………… 貼合せや、縫い合わせるときに補助的に使用する。
⑤穴あけ …………… 穴を開けるためのもので、はと目穴と楕円穴があり、サイズもいろいろある。はと目穴は、持ち手の長さを調節するための穴やカシメ、ホックつけのための穴開けに使用し、楕円穴は、バックルについているピンを通すための穴開けに使用する。
⑥突切り …………… 切込みを入れるための刃物。留め具やマグネットをつけるときなど、細かい部分に切込みを入れるときに使用する。
⑦はめねん ………… 口金をはめ込むときに使用する。
⑧小ばさみ ………… 糸を切ったり、革の細かい部分を切るときに使用する。
⑨くい切り ………… 留め具の足の調節や、金属ファスナーの長さ調節など、金属を切るために使用する。
⑩やっとこ ………… 金具類の取りつけのときに使用する。
⑪打ち具 …………… はと目、カシメ、ホックなどをつけるときに使用する。
⑫こば始末用具 ……… 革の切り口をそのまま見せて仕立てたいとき、切り口を加工する用具。
〈こば塗り液〉
革の切り口に塗る液。各色あるので、革に合った色を選ぶ。
〈磨き剤〉
革の切り口や床面のけば立ちを抑え、なめらかに仕上げる処理剤。
〈磨きへら〉
切り口を磨くときに使用する。磨き剤と共に使用する。
⑬ローラー ………… のりの接着を押さえるときに使用する。
⑭すき砥（ガラス板） ‥ 皮を手すきするときの台として使用する。

第3章 バッグ製作の用具

⑮革すき機‥‥‥‥‥革をすく(薄くする)ための機械。すく厚みや幅を調節できる。

⑯皮革用平ミシン‥‥‥主に革を縫うためのミシン。平らな箇所の縫合せに使用する。

⑰皮革用腕ミシン‥‥‥テーブルがなく、円筒状のアームが横から出ているミシン。主に、丸みを持たせて縫い合わせたいときや、袋状になった口前の縫合せなど、平ミシンでは縫えない部分を縫うときに使用する。

⑱ポストミシン‥‥‥‥円筒状のアームが縦に出ているミシン。

⑲ボビンとボビンケース‥‥下糸に使用する。ミシンによって専用のものがある。

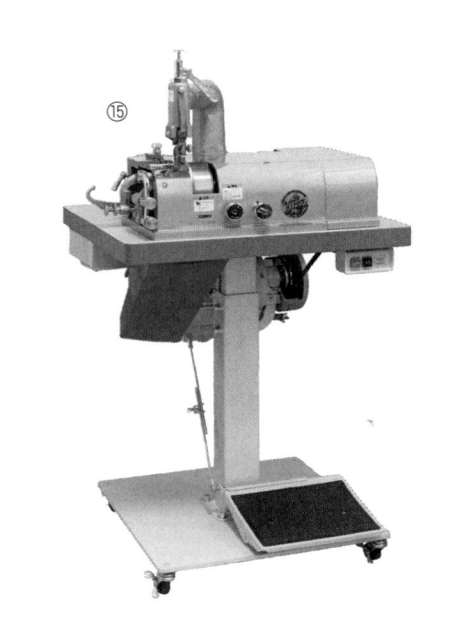

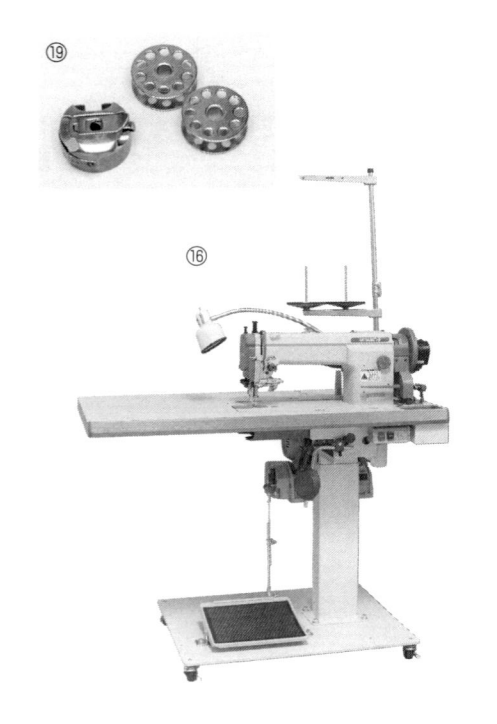

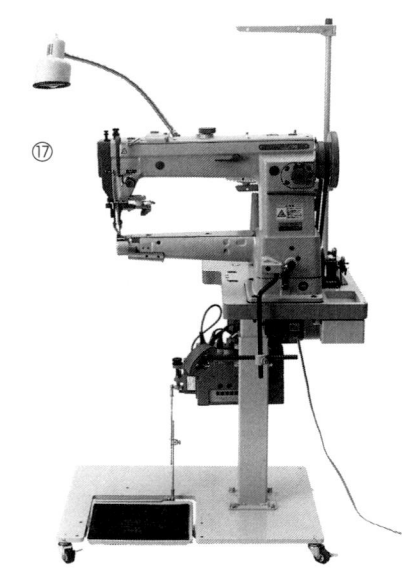

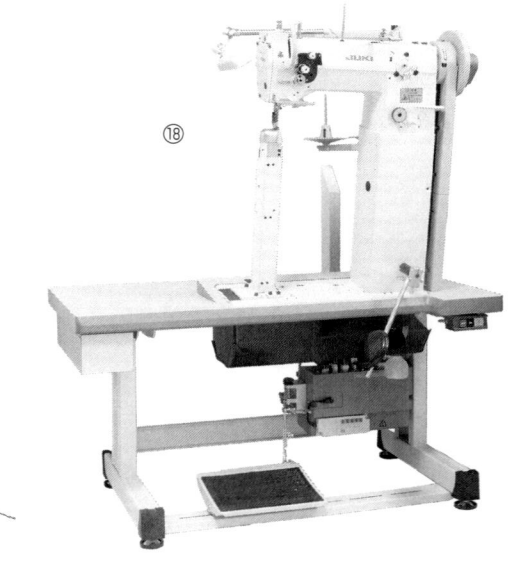

⑳ミシン糸‥‥‥‥‥‥皮革にはポリエステル糸がもっとも多く使われる。糸の太さは素材によっても異なるが、通常、表袋の地縫いには上糸は8～20番手、下糸は上糸よりも細い20～30番手の糸を使用する。

㉑ミシン針‥‥‥‥‥‥革を縫う場合は、専用の針を使用する。専用針は、先が平たくとがっているため革に刺さりやすい。糸の太さ、素材の厚さによって14～21番くらいのものを使い分ける。

第 4 章

縫製の種類

　バッグは、胴やまち、持ち手や裏布など各部分の組合せでできている。これらを縫い合わせ、組み立てる作業を縫製という。デザインしたバッグを製作するには、それぞれに適した縫製をしていくことが大切である。ここでは、各部ごとに縫製の種類や、取りつけ方を説明する。

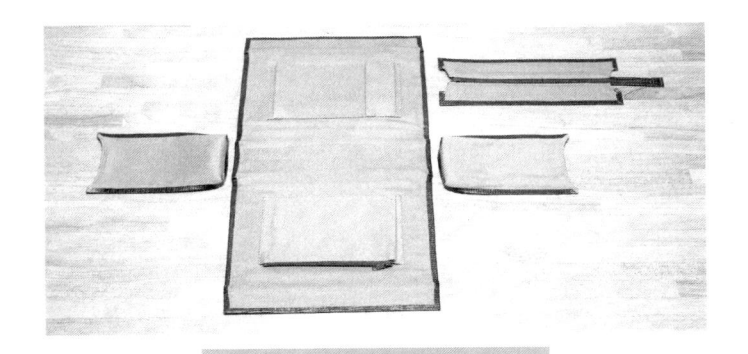

1. 縫合せ方

切り目
革の切り口をそのまま見せる方法。2枚の革を外表に接着し、ステッチをかける。切断面に着色をしたり、磨く場合もある。シャープですっきりした仕上りになる。

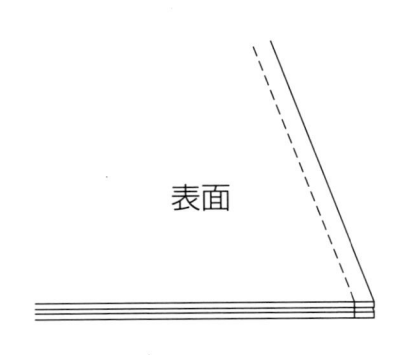

へり返し
へりを平均した幅で折り返す方法。折り返す革は薄くすいておく。曲線の場合は、放射状にきざみやしわ寄せをする技術が必要である。

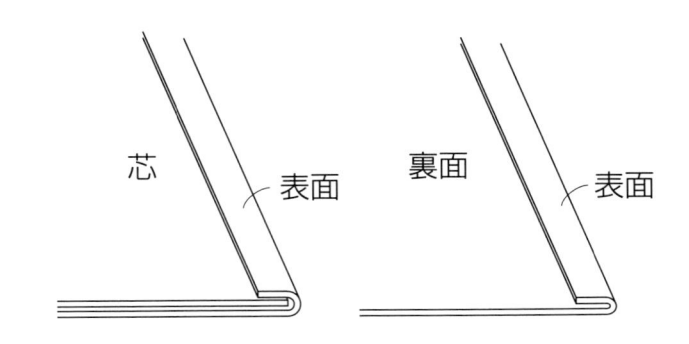

返し合せ
へり返しされた2枚の素材を重ねて接合する方法。仮止めをした後、ミシンで縫い合わせる。

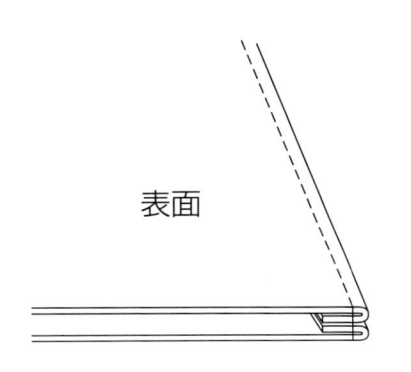

縫返し
2枚の素材を中表に合わせて縫い、表に返す方法。わずかではあるが、縫い糸が見える。柔らかい素材に適している。

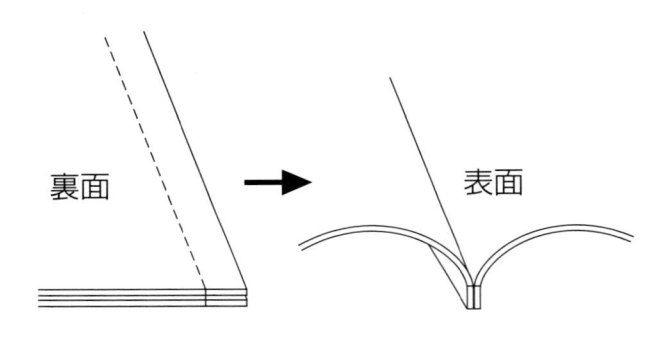

重ね合せ
1枚の部材の端にもう1枚の素材を重ねてミシンをかける方法。上に重ねる素材を切り目か、へり返しにする。

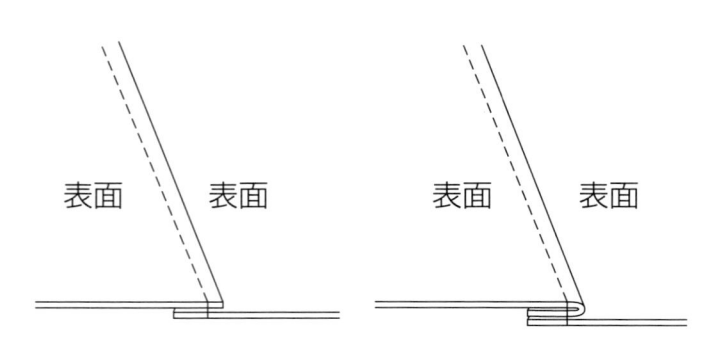

縫割り
縫返しした縫い代を割り、ミシンをかける方法。ゴムのりで仮止めをした後、縫い代にかかるように表からミシンをかける。また、接着だけの場合もある。

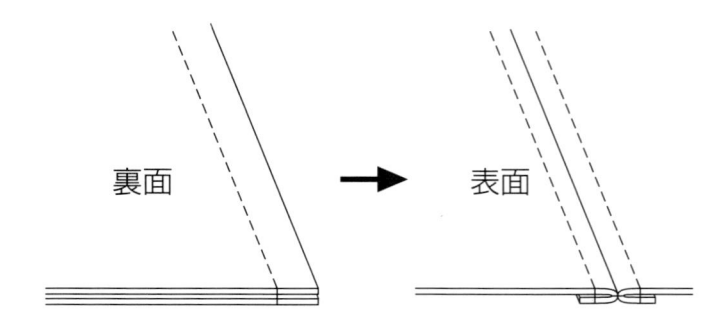

玉出し

縫返しの間に玉（細く折った革）を挟む方法。表に返したときにミシン糸が隠れて仕上りが美しく、立体感が出る。ミシン縫いの後、表に返すので柔らかい素材に適している。

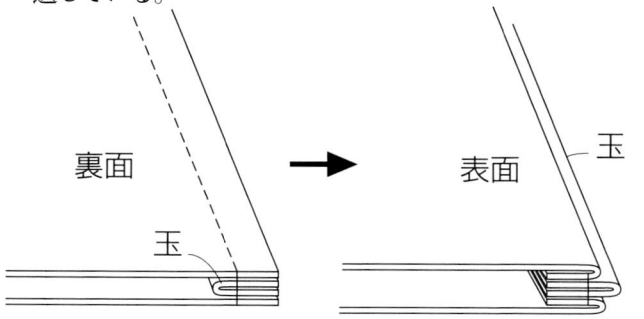

へり巻き

2枚の素材を外表に重ね、そのへりをテープ状の布や革でくるんでミシンをかける方法。ミシンに付属のアタッチメント（ラッパ）をつけると、作業がしやすい。

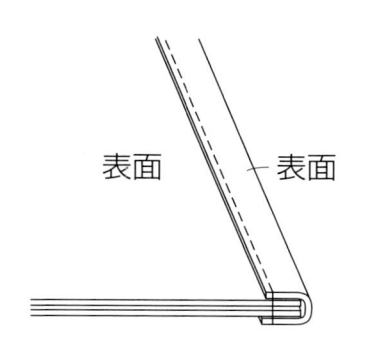

挟み玉

返し合せの間に玉を挟む方法。へりを返した2枚の素材の間に玉革を挟んで縫うので、仕上りを見ながらミシンをかけることができる。玉に沿ってステッチが入るのが特徴。

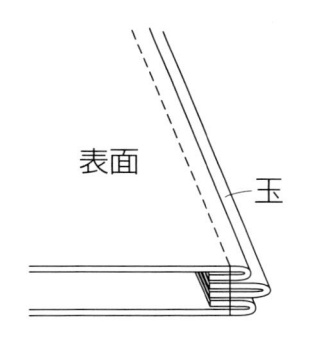

玉べり

2枚の素材を外表に重ね、その上にテープ状の布や革を重ねて縫い合わせた後、テープでへりをくるみ、テープの折り目に沿って落しミシンをかける方法。

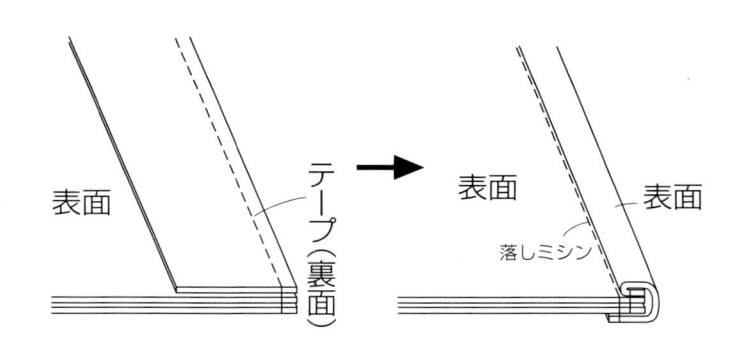

第4章　縫製の種類

2. 持ち手

(1) 種類と縫製

持ち手の種類は大きく「平手」と「丸手」に分類され、その他にくり手や成形されたものなどがある。

また、持ち手にはさまざまな素材が使用され、芯材の種類も異なる。革で作るときは、芯を入れる場合と、革の厚さをそのまま使う場合がある。どのような持ち手にするかは、持ちやすさはもちろん、使用する素材の性質と全体のバランスを考える。

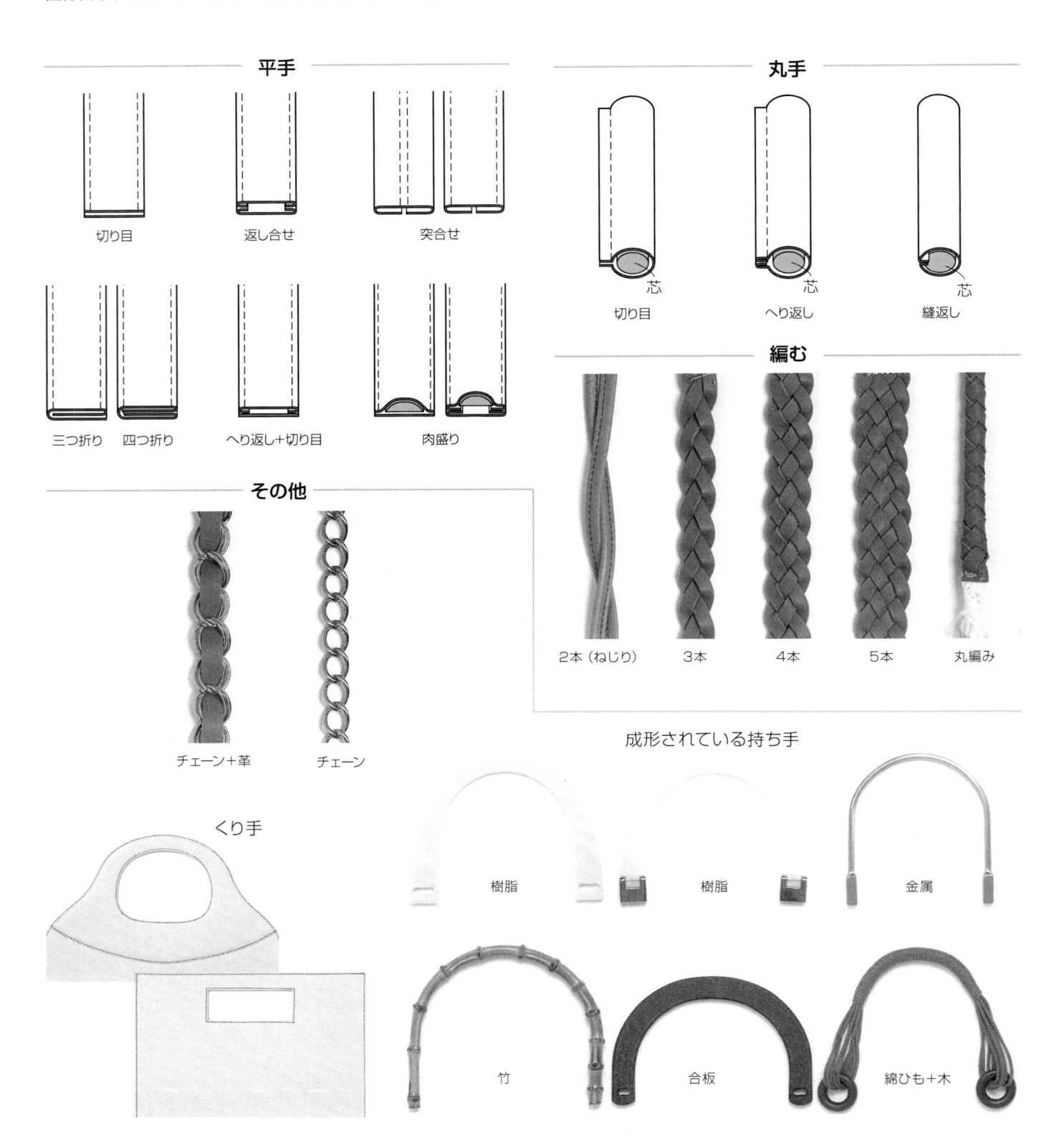

平手
- 切り目
- 返し合せ
- 突合せ
- 三つ折り
- 四つ折り
- へり返し+切り目
- 肉盛り

丸手
- 切り目（芯）
- へり返し（芯）
- 縫返し（芯）

編む
- 2本（ねじり）
- 3本
- 4本
- 5本
- 丸編み

その他
- チェーン+革
- チェーン

くり手

成形されている持ち手
- 樹脂
- 樹脂
- 金属
- 竹
- 合板
- 綿ひも+木

（2）取りつけ方

取りつけ方はさまざまあり、持ち手の種類によって同じつけ方であっても表情が変わる。また、取りつける位置や角度により持ちやすさが左右されるため、無理のないつけ方ができているのか考える。

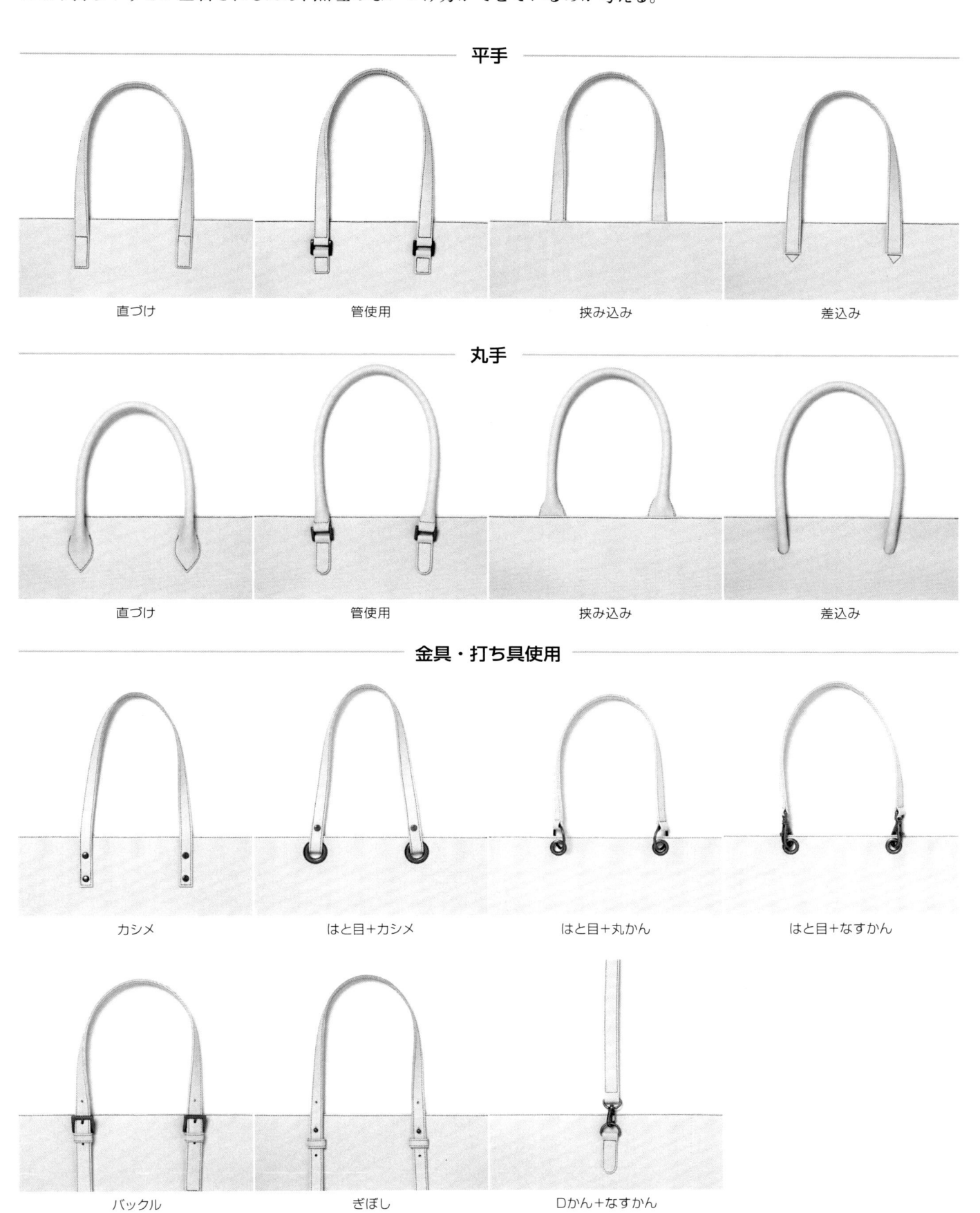

平手

| 直づけ | 管使用 | 挟み込み | 差込み |

丸手

| 直づけ | 管使用 | 挟み込み | 差込み |

金具・打ち具使用

| カシメ | はと目＋カシメ | はと目＋丸かん | はと目＋なすかん |

| バックル | ぎぼし | Dかん＋なすかん |

第4章　縫製の種類

3. 内部の構造

　バッグの内部には、表材の裏面や縫い代を隠したり、収納品を保護するために裏布をつける。そのためバッグをデザインする時点で、内部の構造も考えなければいけない。裏布の縫製方法には種類があり、表の形に適した仕立て方にする必要がある。

　また、使いやすくするために、ポケットをつけたり、デザインによっては裏布の口前（上部）に見付けをつける場合があり、バッグ全体のイメージや用途によって決める。

(1) 裏布の縫製の種類

①落し込み
　外部と内部をそれぞれ別々に縫製し、最後に開口部で縫い合わせる方法。ソフトタイプのバッグに多く使用される。

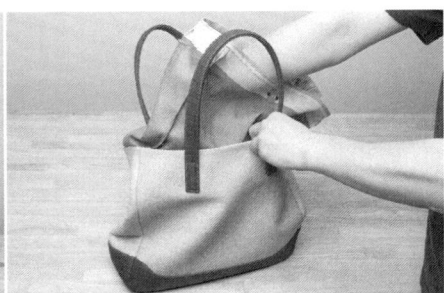

②貼込み
　パーツごと、表素材に裏布を貼り合わせた上で縫製する方法。ハードタイプのバッグに多く使用される。

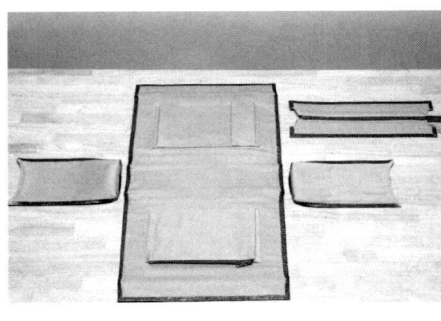

③テープ始末
　縫い代をグログランテープなどテープ状のもので覆い隠す方法。内部だけではなく外縫い仕立てとして使用する場合もある。

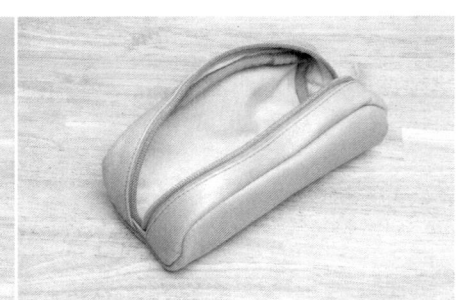

(2) 見付け

　裏布の口前（上部）につける部材で、表材を使用することが多い。見付けがつくことで、開口時に表との一体感が出たり、留め具をつける場合の強度も増す。見付けの幅はデザインにより異なるが、5～8cmくらいが適当。また、見付けは、口前開放型のバッグに多く用いられる。

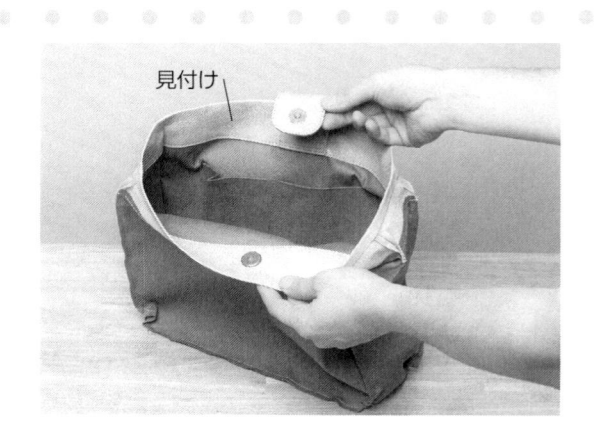

4. ポケット

バッグを使いやすくするためには、必要に応じてポケットをつける。これは収納品の整理をし、取り出しやすくするために重要である。ポケットの形状にはさまざまなものがあり、大きさや仕切り方など個々のデザインや用途に即した使いやすい構造を考える。

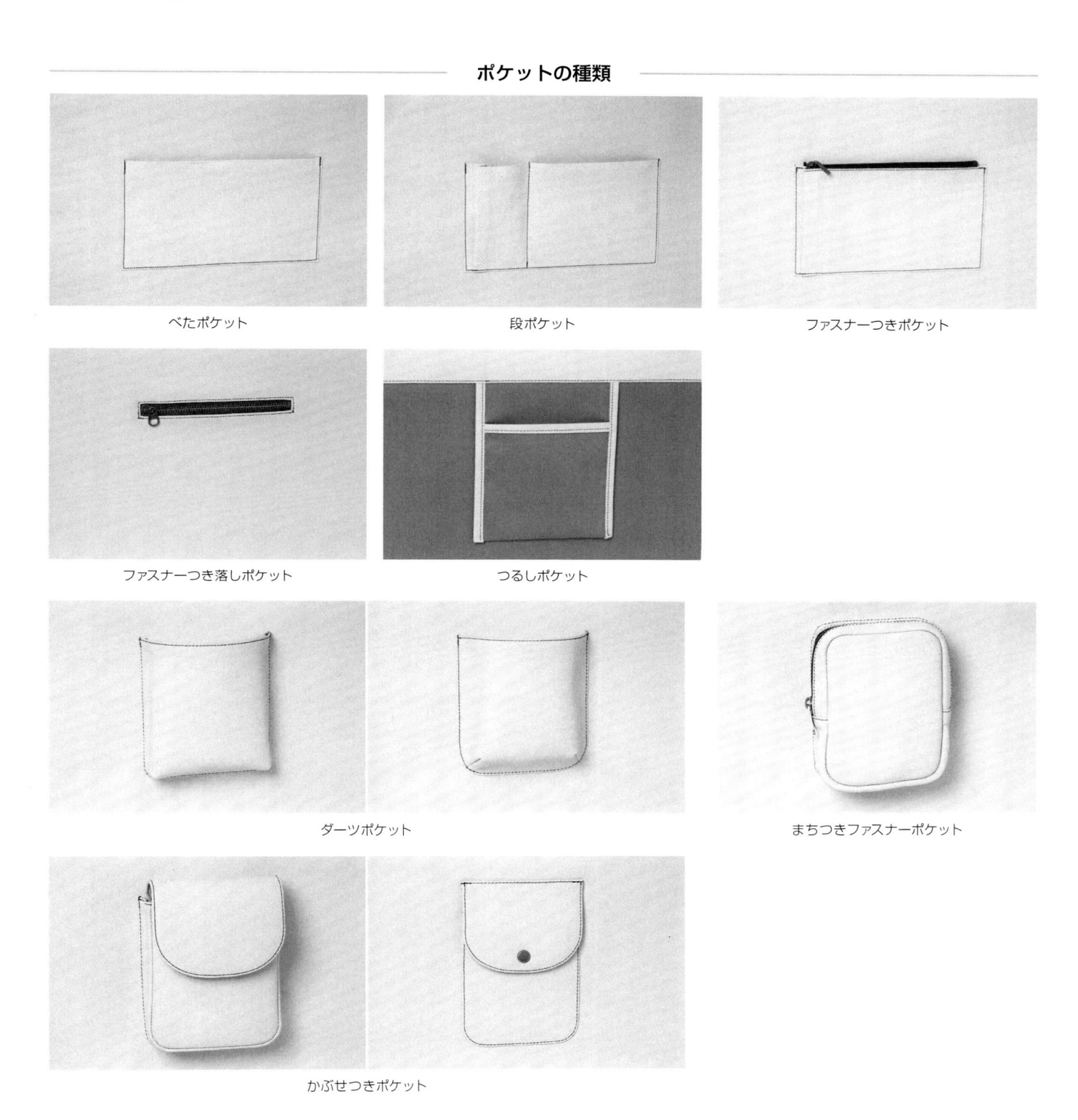

ポケットの種類

べたポケット　　　　段ポケット　　　　ファスナーつきポケット

ファスナーつき落しポケット　　　　つるしポケット

ダーツポケット　　　　　　　　　　まちつきファスナーポケット

かぶせつきポケット

第4章　縫製の種類　45

5. 金具の取りつけ

金具はバッグを製作する上でデザインのポイントであり、重要な付属品である。金具には多種多様なものがあるのでデザインや用途によって使い分ける必要がある。また、金具を取りつけるためには必要な道具類もそれぞれ異なり、取扱いに注意が必要である。

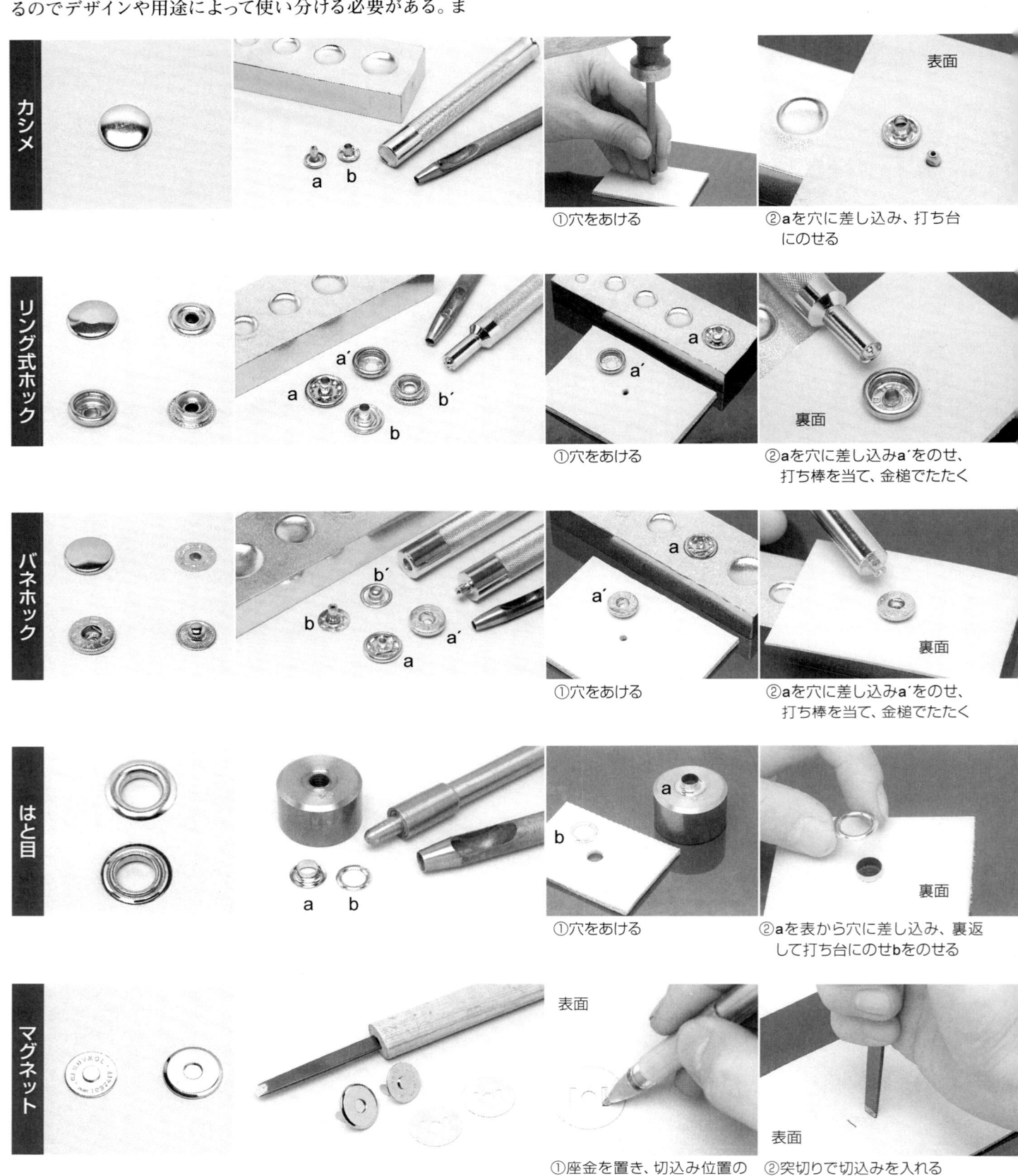

カシメ

①穴をあける
②aを穴に差し込み、打ち台にのせる

リング式ホック

①穴をあける
②aを穴に差し込みa′をのせ、打ち棒を当て、金槌でたたく

バネホック

①穴をあける
②aを穴に差し込みa′をのせ、打ち棒を当て、金槌でたたく

はと目

①穴をあける
②aを表から穴に差し込み、裏返して打ち台にのせbをのせる

マグネット

①座金を置き、切込み位置の印をつける
②突切りで切込みを入れる

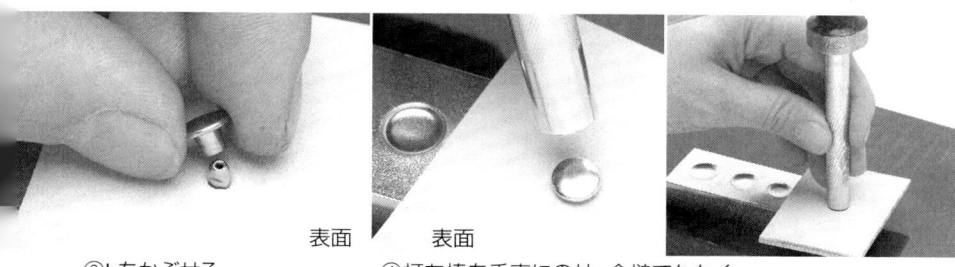

③bをかぶせる　表面

④打ち棒を垂直にのせ、金槌でたたく　表面

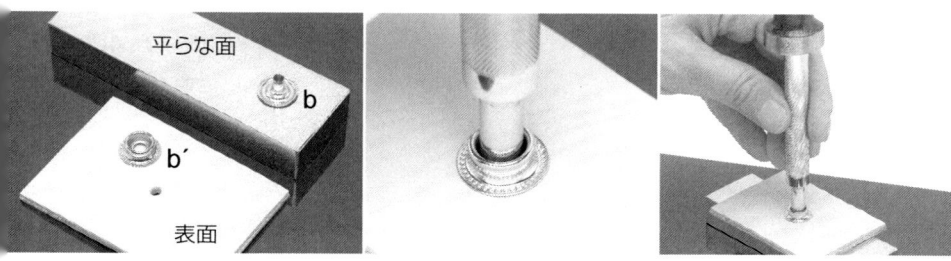

③bとb´もaと同様にセットする。打ち台は平らな面を使用し、打ち棒を垂直に当て、金槌でたたく

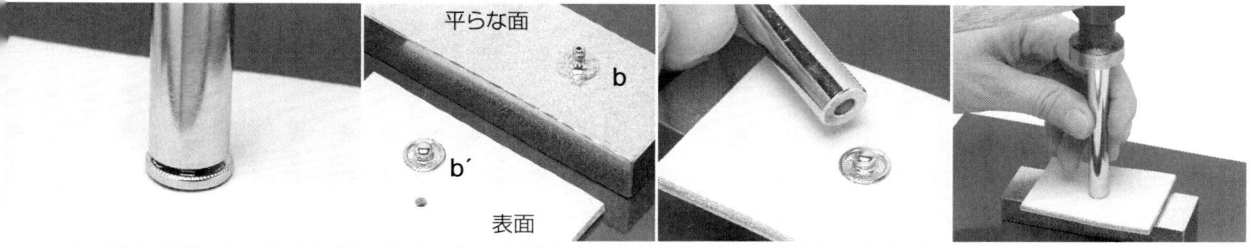

平らな面　b　b´　表面

※a´の穴の形に合わせるように打ち棒を差し込む

③bとb´もaと同様にセットする。打ち台は平らな面を使用し、打ち棒を垂直に当て、金槌でたたく

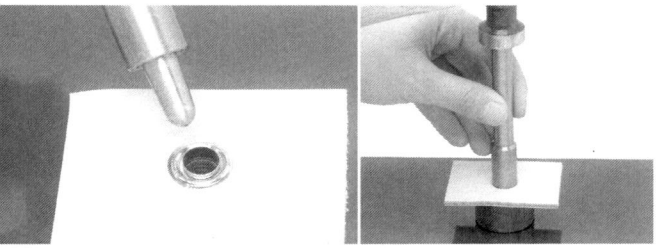

平らな面　b　b´　表面

③打ち棒を差し込み、金槌でたたく

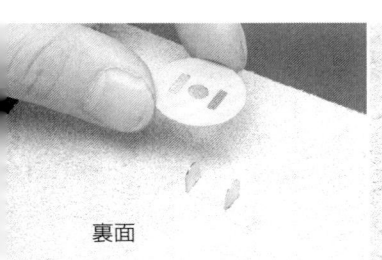

③表面からマグネットの足を差し込み、座金をつける　裏面

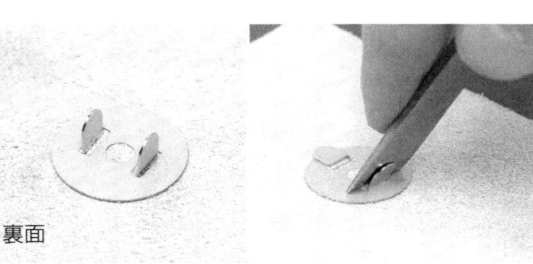

④足を根もとから折り曲げる　裏面

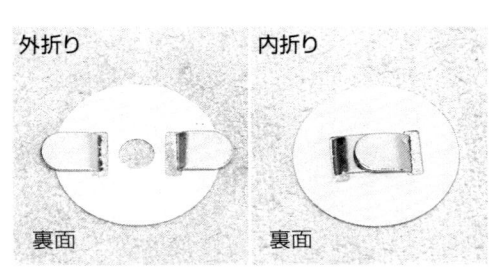

外折り　裏面
内折り　裏面

外折りは薄くなるが、座金より足が出る
内折りは厚くなるが、足が出ないので、べろなどの細幅の部分に用いる

第4章　縫製の種類　47

かんとバックルの基本的な取りつけ方2種類を解説する。ここでは、(A)を切り目、(B)をへり返しで縫い合わせているが、逆にすることもある。

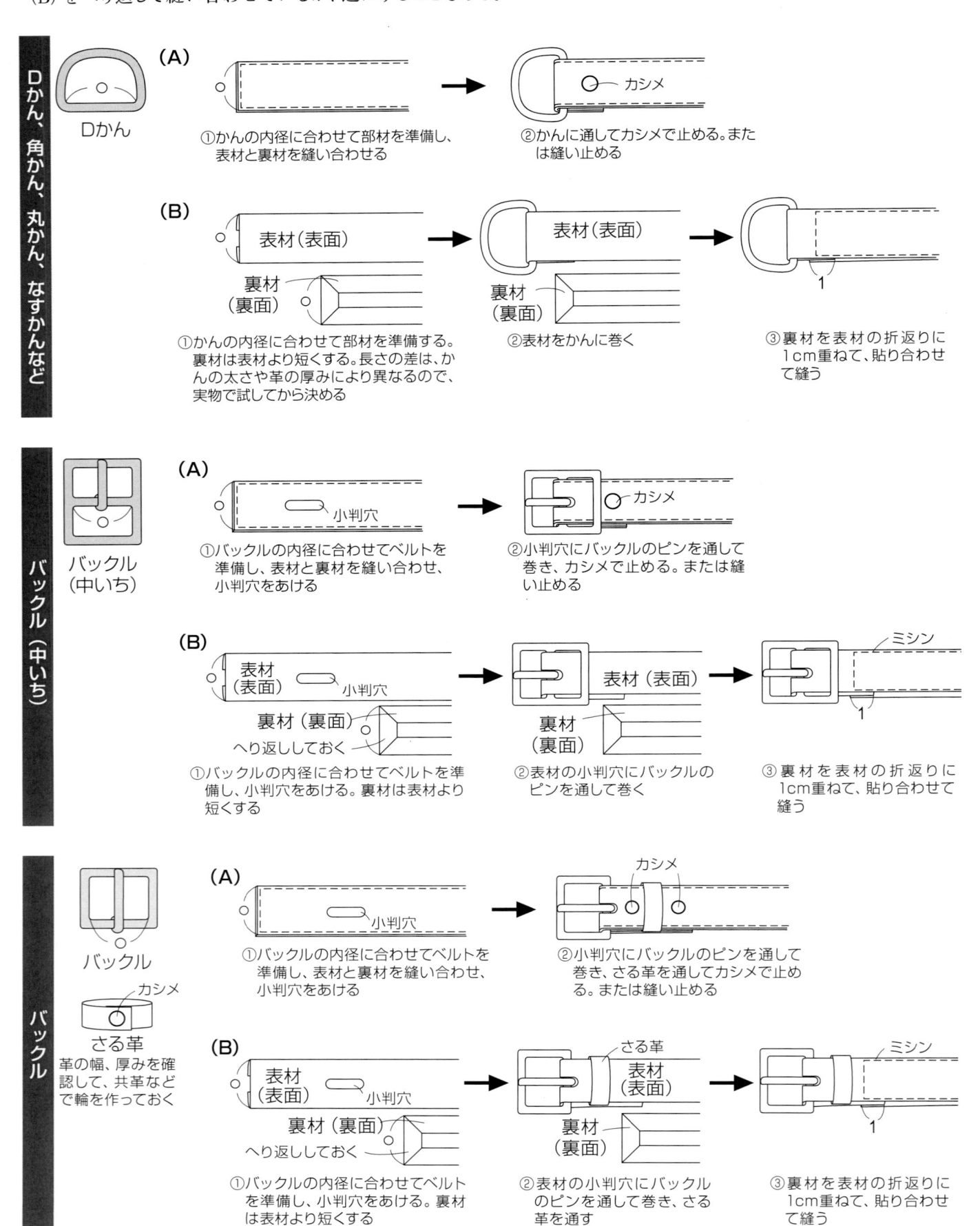

Dかん、角かん、丸かん、なすかんなど

Dかん

(A)
① かんの内径に合わせて部材を準備し、表材と裏材を縫い合わせる
② かんに通してカシメで止める。または縫い止める

(B)
① かんの内径に合わせて部材を準備する。裏材は表材より短くする。長さの差は、かんの太さや革の厚みにより異なるので、実物で試してから決める
② 表材をかんに巻く
③ 裏材を表材の折返りに1cm重ねて、貼り合わせて縫う

バックル（中いち）

(A)
① バックルの内径に合わせてベルトを準備し、表材と裏材を縫い合わせ、小判穴をあける
② 小判穴にバックルのピンを通して巻き、カシメで止める。または縫い止める

(B)
① バックルの内径に合わせてベルトを準備し、小判穴をあける。裏材は表材より短くする
② 表材の小判穴にバックルのピンを通して巻く
③ 裏材を表材の折返りに1cm重ねて、貼り合わせて縫う

バックル

さる革 — 革の幅、厚みを確認して、共革などで輪を作っておく

(A)
① バックルの内径に合わせてベルトを準備し、表材と裏材を縫い合わせ、小判穴をあける
② 小判穴にバックルのピンを通して巻き、さる革を通してカシメで止める。または縫い止める

(B)
① バックルの内径に合わせてベルトを準備し、小判穴をあける。裏材は表材より短くする
② 表材の小判穴にバックルのピンを通して巻き、さる革を通す
③ 裏材を表材の折返りに1cm重ねて、貼り合わせて縫う

第 5 章

バッグの製作

　バッグを作り上げるには、多くの作業工程がある。デザイン画を描くところから始まり、実物を完成させるまで、すべてが大切な作業である。ここでは、基本的な作業の流れを工程別に解説する。

バッグの基本的製作工程

　バッグを作り上げるには、多くの作業工程がある。ここでは、主材料に天然皮革を使用した個別製作（1点物）のデザインから完成までの基本的な製作工程を説明する。

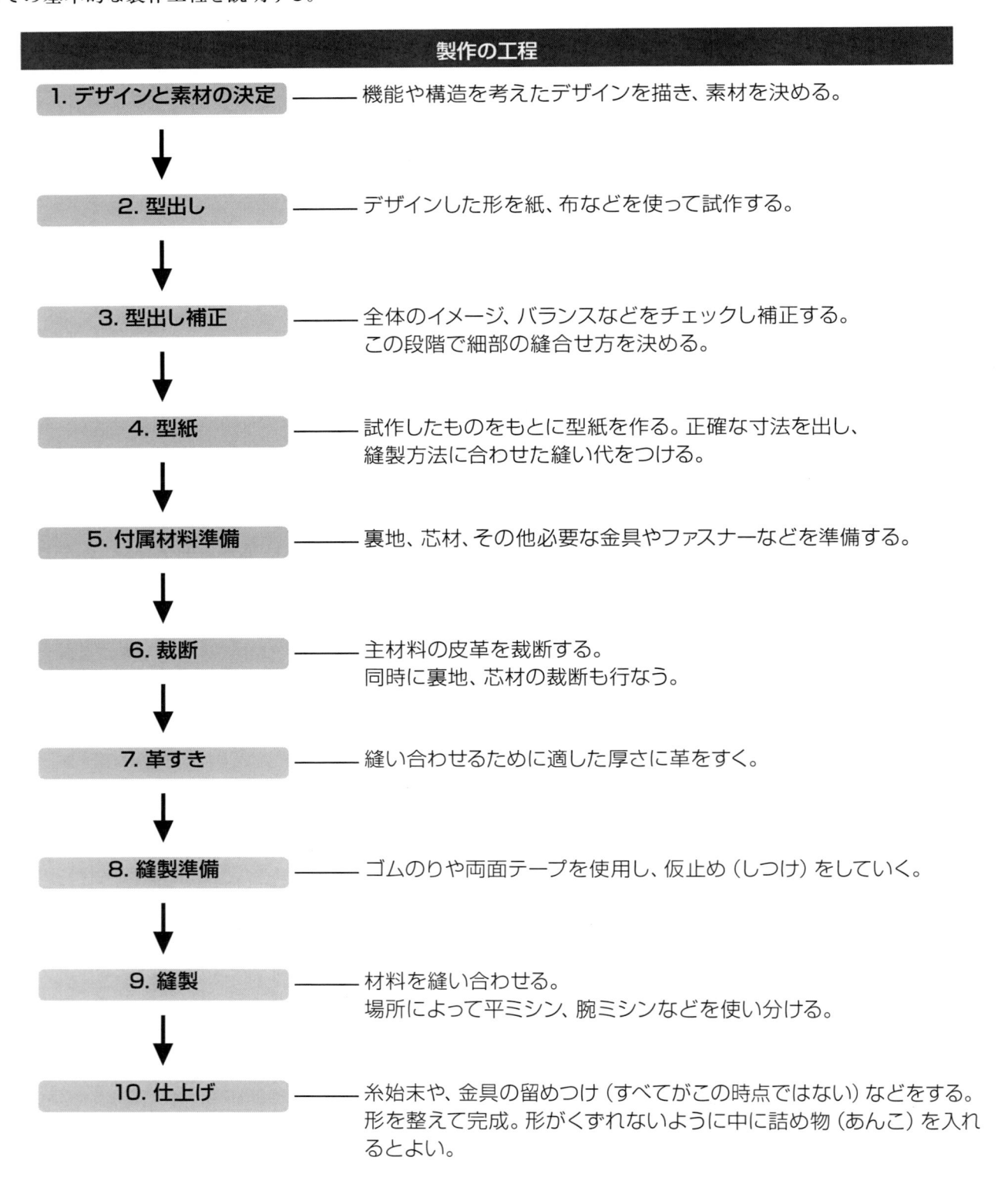

製作の工程

1. デザインと素材の決定 ── 機能や構造を考えたデザインを描き、素材を決める。

↓

2. 型出し ── デザインした形を紙、布などを使って試作する。

↓

3. 型出し補正 ── 全体のイメージ、バランスなどをチェックし補正する。この段階で細部の縫合せ方を決める。

↓

4. 型紙 ── 試作したものをもとに型紙を作る。正確な寸法を出し、縫製方法に合わせた縫い代をつける。

↓

5. 付属材料準備 ── 裏地、芯材、その他必要な金具やファスナーなどを準備する。

↓

6. 裁断 ── 主材料の皮革を裁断する。同時に裏地、芯材の裁断も行なう。

↓

7. 革すき ── 縫い合わせるために適した厚さに革をすく。

↓

8. 縫製準備 ── ゴムのりや両面テープを使用し、仮止め（しつけ）をしていく。

↓

9. 縫製 ── 材料を縫い合わせる。場所によって平ミシン、腕ミシンなどを使い分ける。

↓

10. 仕上げ ── 糸始末や、金具の留めつけ（すべてがこの時点ではない）などをする。形を整えて完成。形がくずれないように中に詰め物（あんこ）を入れるとよい。

1. デザインと素材の決定

　頭の中で考えていたデザインを、具体的に絵で表現する。バッグを作るために必要ないろいろな条件や、移り変わるファッションの動向を踏まえながら、デザインの方向性を決めていく。

デザイン画
　考えを具現化するため、いろいろな形やディテールをアイディアスケッチする。それをもとに、バッグとしての機能や構造がわかるデザイン画を描く。

素材
　使用する素材を決める。主素材だけでなく、裏布や付属金具なども決める。

2. 型出し

　頭や絵で考えていたものを、実物大の立体にする作業。デザイン画をもとに、紙（和紙などのように柔らかく丈夫なもの）や布などを使って試作する。全体のイメージ、大きさ、持ちやすさ、物の出し入れのしやすさ、持ったときのバランスなどをチェックし、必要に応じて補正する。

和紙で作った立体

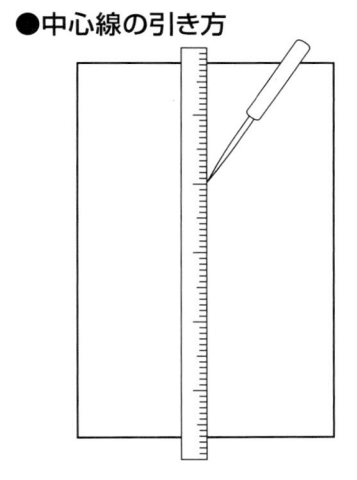

（1）線の引き方（和紙の場合）

　バッグの場合は左右対称のパーツが多いため、中心をとることが大切である。まずは基本となる線の引き方を理解したうえでデザイン線を描き入れていく。そうすることにより、正確できれいな形を作ることができる。

●中心線の引き方

①必要な大きさに粗裁ちした紙の中心あたりに定規を当て、目打ちで筋を入れる。力を入れすぎると切れてしまうので、注意をする

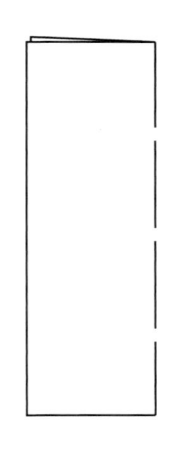

②筋を折る

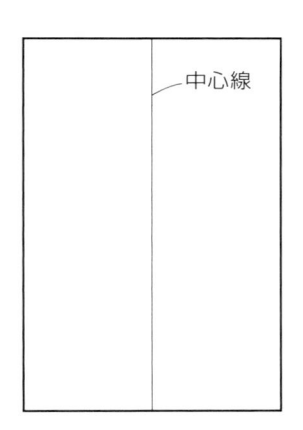

③中心線の出来上り

第5章　バッグの製作

●中心線に対する平行線の描き方

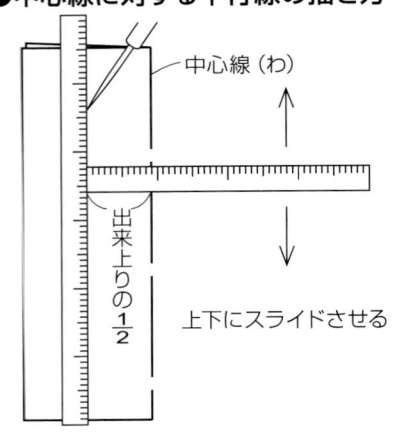

①中心線で半分に折り、図のように定規を当てながら寸法をはかり、線を引く

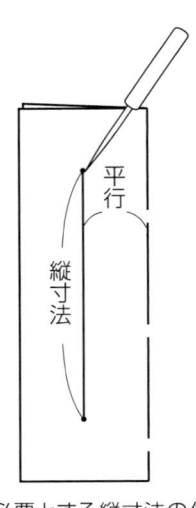

②必要とする縦寸法の位置に、目打ちで印を入れる

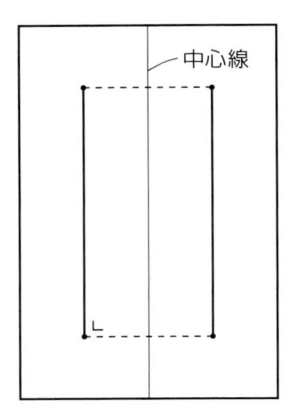

③紙を開き、印の点と点を線でつなぐ

●中心線と直角に交わる線の引き方

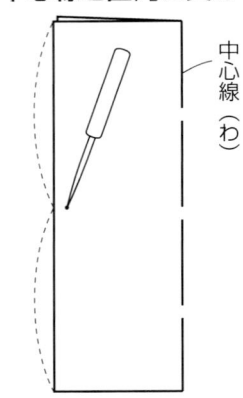

①中心線で半分に折り、縦の長さのおよそ$\frac{1}{2}$で、外寄りの位置に目打ちで印をつける

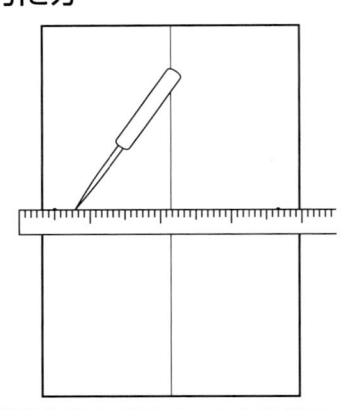

②紙を開き、印の点と点を定規でつなぎ、目打ちで筋を入れる

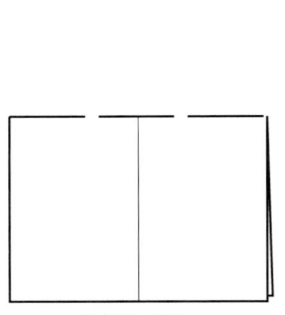

③筋を折る

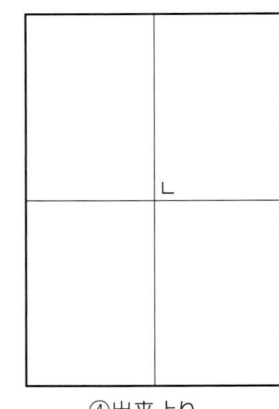

④出来上り

●中心線が直角に交わる四角の描き方

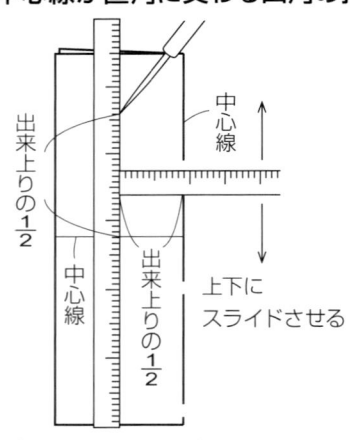

①直角に交わる中心線を引く。図のように折り、定規を当てながら寸法をはかり、目打ちで印を入れる

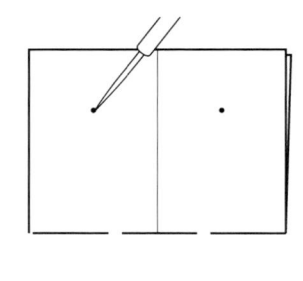

②中心線を折り直し、目打ちの印を写す

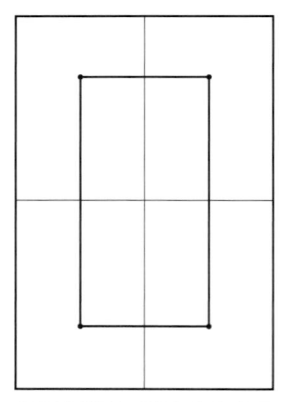

③紙を開き、印の点と点を線でつなぐ

(2) 面の取り方

バッグは曲線と直線を縫い合わせることが多い。その場合、先にカーブのある面を作り、直線だけの面はカーブの面の長さに合わせて作る。バッグの形の種類により先に作る面（基本となる面）はそれぞれ異なるので、右の表を参考に、基本となる面の製作から行なう。

バッグの形	基本となる面
小判底	底面
横まち	まち面
通しまち	胴面

●基本となるカーブのある面の取り方
例）通しまちの場合—胴の面
　　型出しでは貼合せ代0.5cm

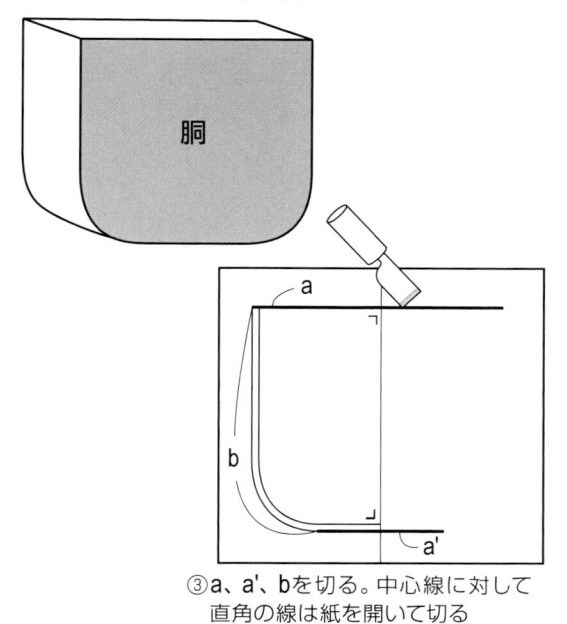

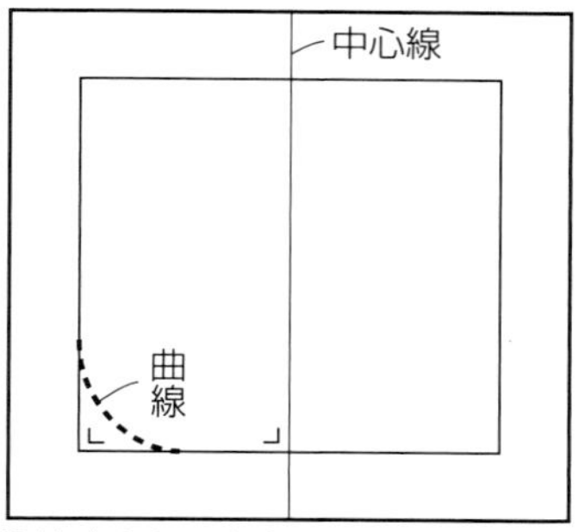

①基本となる左右対称の四角を作り、曲線をかき入れる

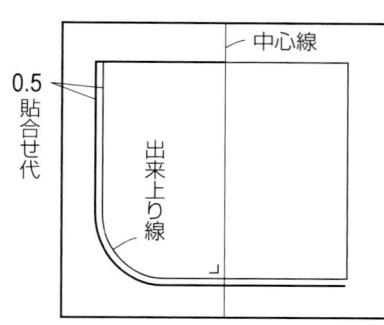

②外側に貼合せ代0.5cmをつける

③a、a'、bを切る。中心線に対して直角の線は紙を開いて切る

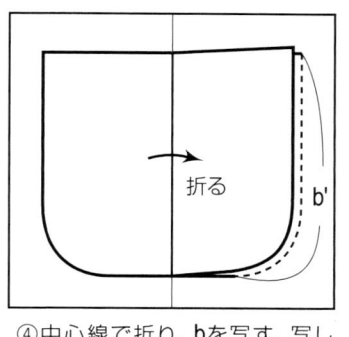

④中心線で折り、bを写す。写した線b'を切る

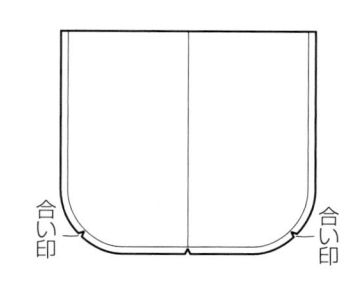

⑤中心線の位置とカーブの中間に合い印を入れる。合い印は、0.2〜0.3cmの切込みを入れる

●対する直線の面の取り方
例）通しまちの場合—まちと底の面
　　型出しでは貼合せ代0.5cm

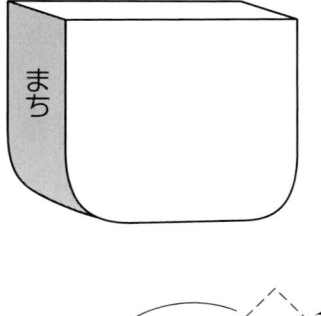

①紙を粗裁ちする

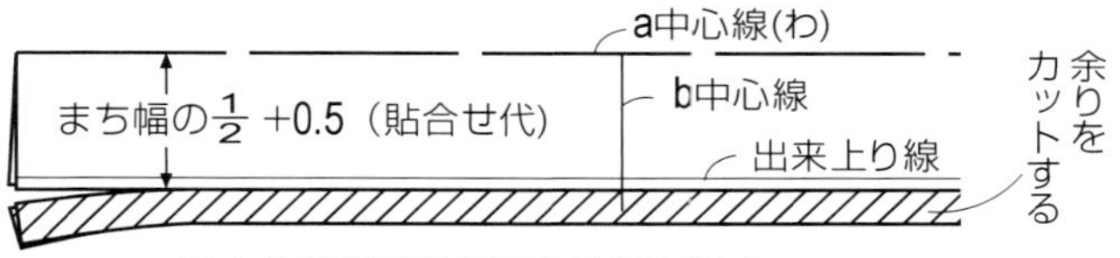

②中心線が直角に交わる線を引き、まち幅をはかり、寸法を出す

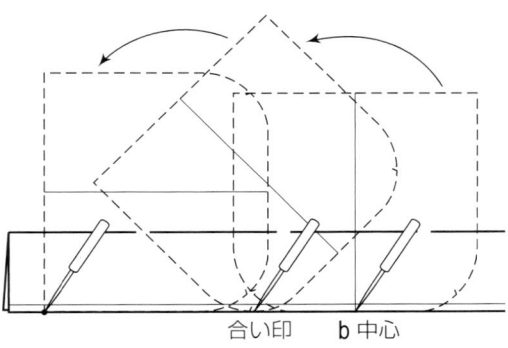

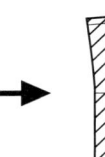

③胴面の底中心とまちのb中心線の紙端を合わせて置き、目打ちで紙の端を押さえながら胴面を動かし、寸法をはかる。このとき合い印も写しておく

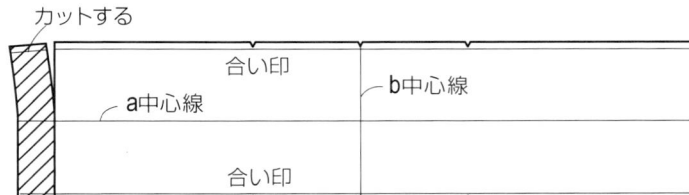

④a中心線を開き、印と印を結び、余分を切り取る

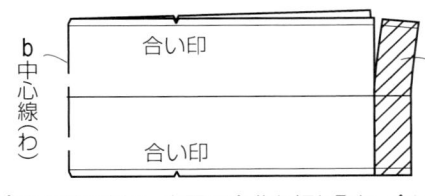

⑤b中心線で折り、半面の余分も切り取り、合い印を写す

⑥まちの面の出来上り

第5章　バッグの製作

（3）貼合せ方

裁断したパーツを両面テープで貼り合わせ、立体にする。

●通しまちの場合

≪準備するもの≫
胴　　2枚
まち　1枚
持ち手　2枚
べろ　1枚
両面テープ（0.3cm幅）

この段階で、デザインによる切替え線やステッチラインなどを紙にかき込んでおく

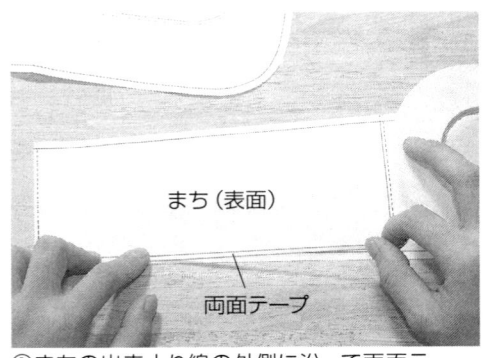

①まちの出来上り線の外側に沿って両面テープを貼る

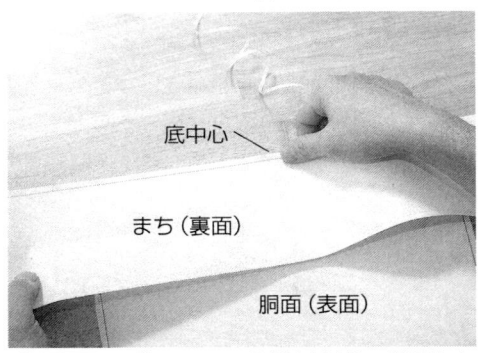

②両面テープについている紙をはがし、胴面とまちの底中心を中表になるように貼り合わせる

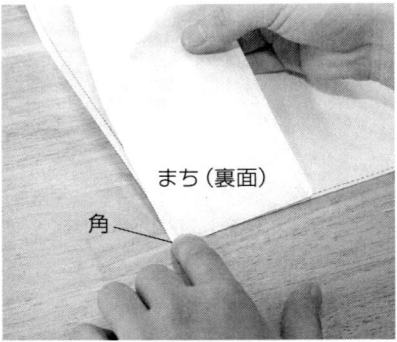

③次に胴面とまちの角を貼り合わせる

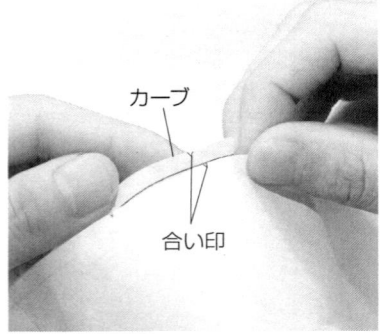

④次にカーブの合い印を合わせる

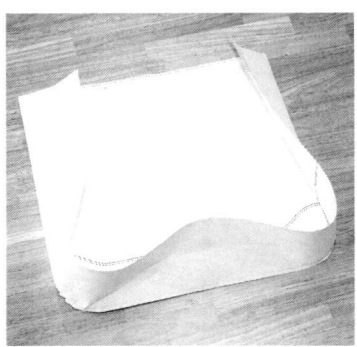

⑤直線部分を貼り、余りが出た場合は、カーブのところでいせ込みながら貼り合わせる

⑥もう1枚の胴面も同様に貼り合わせる

⑦出来上り線で折る

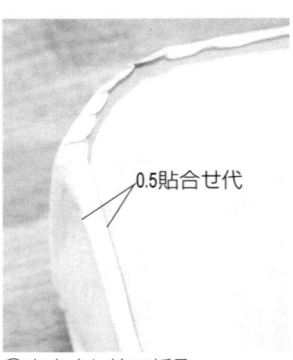

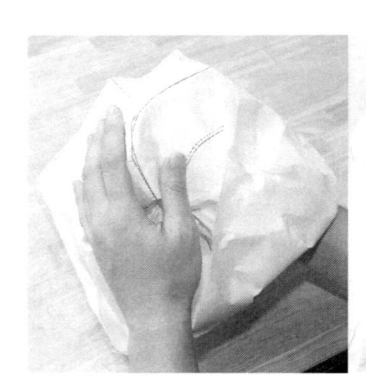

⑧表に返し、形を整える

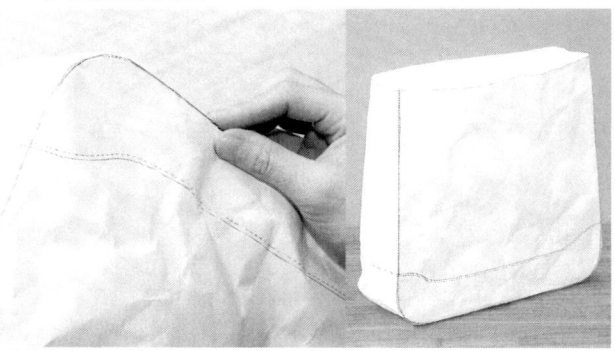

⑨べろ、持ち手を貼りつけ、全体のイメージ、バランスをチェックする

（4）その他の型出しの仕方

左右対称の場合、まず片面のみ形を作り、中心線で折ってそれをもう一方の面に写す。

●小判底の応用 ——基本面が底面の場合

○底に対してまっすぐに立ち上がっている場合

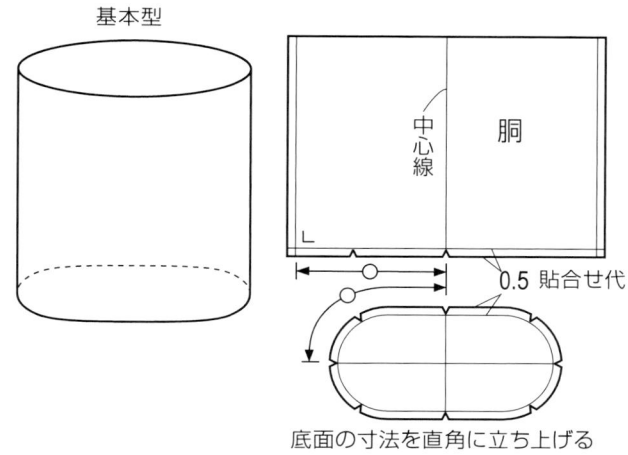

基本型

底面の寸法を直角に立ち上げる

○底面より口前が広がっている場合

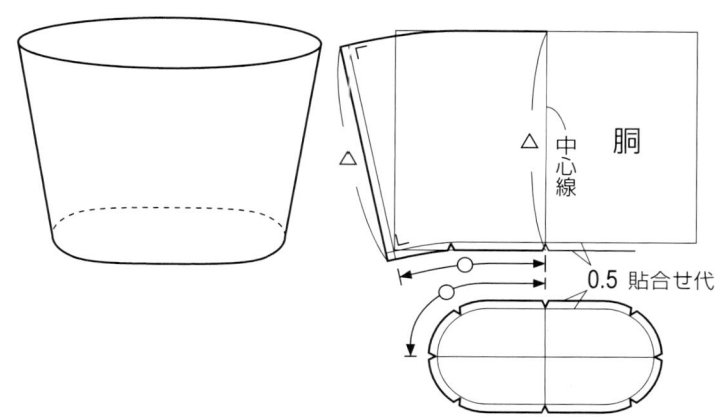

基本型から広げたい寸法を出す。底と縫い合わされる辺は直角に立ち上がるように線を引き直す

○底面より口前が狭い場合

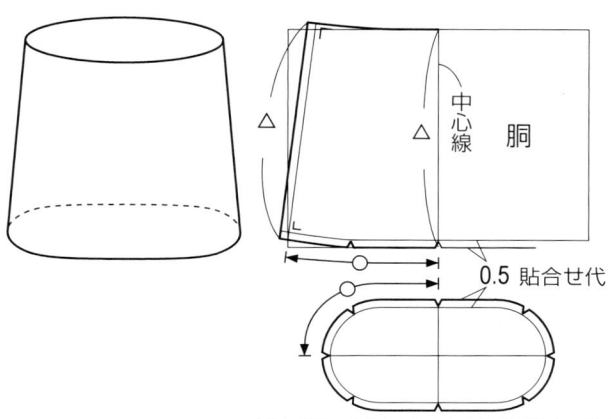

基本型から狭めたい寸法を出す。底と縫い合わされる辺は直角に立ち上がるように線を引き直す

●胴面をはぎ合わせて膨らみを出す場合

〈6枚はぎの場合〉

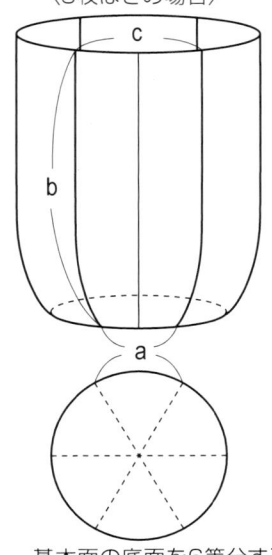

基本面の底面を6等分する

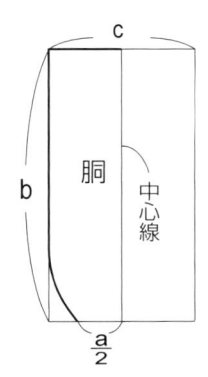

① 縦b寸法、横c寸法の左右対称となる四角を作る。それに、基本面の底寸法 $\frac{a}{2}$ をとり、bのカーブさせたいところと自然な曲線で結ぶ

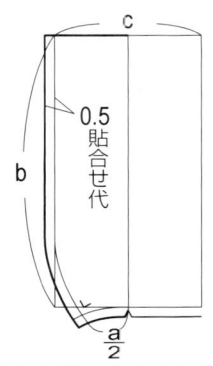

② 底と縫い合わされる辺は直角に立ち上がるように線を引き直す

第5章 バッグの製作

● ダーツで膨らみを出す場合

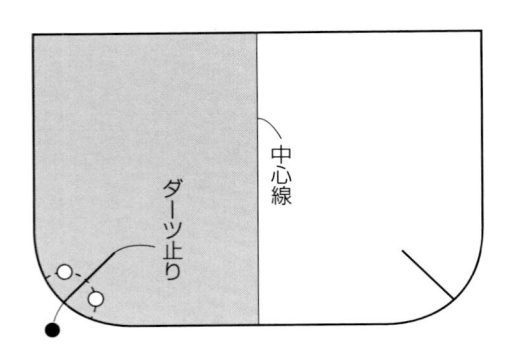

① 基本型となる胴面の、ダーツを入れる位置に線をかく

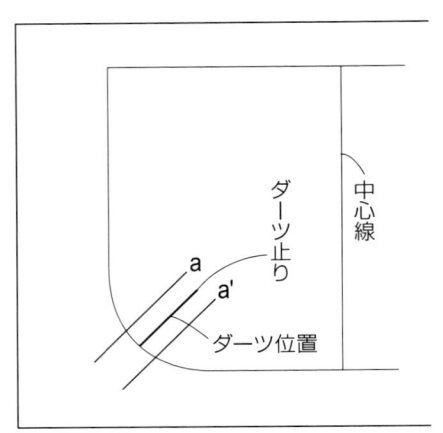

② 別紙に基本型をかき写し、ダーツ線の両側に同じ幅で平行線a、a'を引く。
※ダーツの膨らみは平行線が広いと大きくなり、狭いと小さくなる

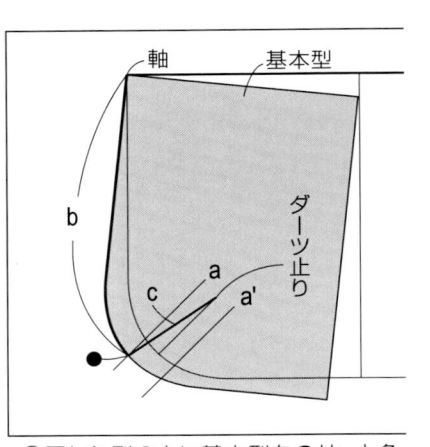

③ 写した型の上に基本型をのせ、上角を軸にして傾け、線aに●を合わせ、線bをかき写す。●とダーツ止りを結んで線cとする

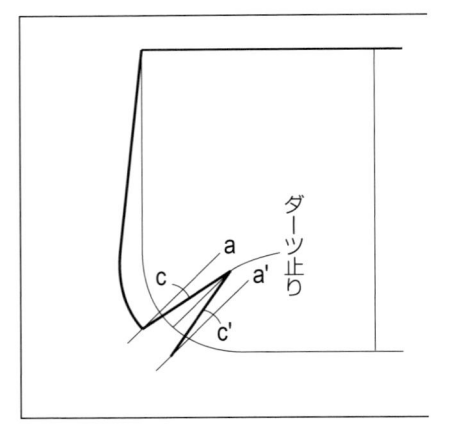

④ 線cと同寸法の線をダーツ止りから線a'上に引く

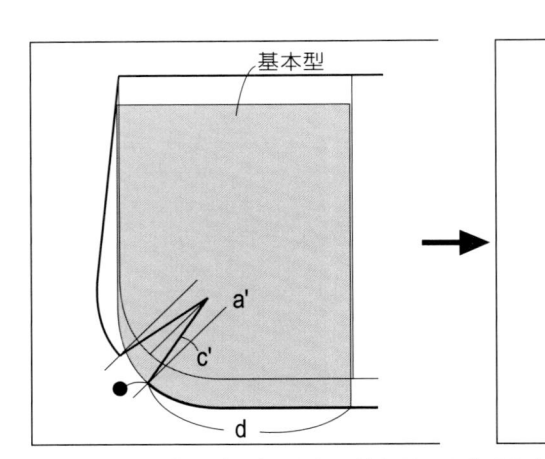

⑤ 線a'とc'の接点に基本型の●を合わせ、線dをかき写す
このときdは水平のまま移動する

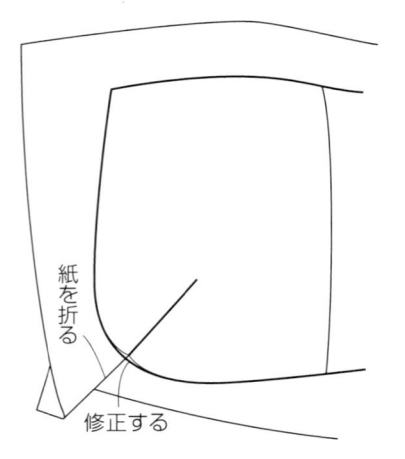

⑥ ダーツをたたんだとき、出来上り線がきれいなカーブになるように修正する

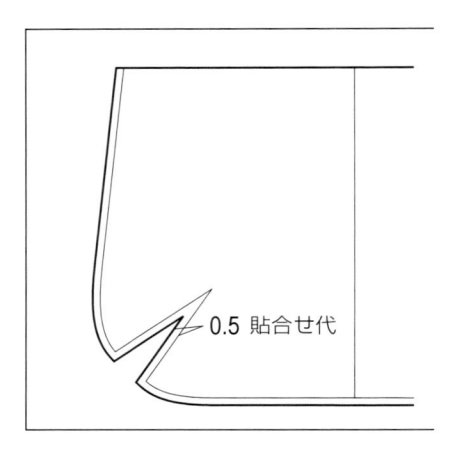

⑦ 外側に貼合せ代0.5cmをかき足す

● ギャザーで膨らみを出す場合

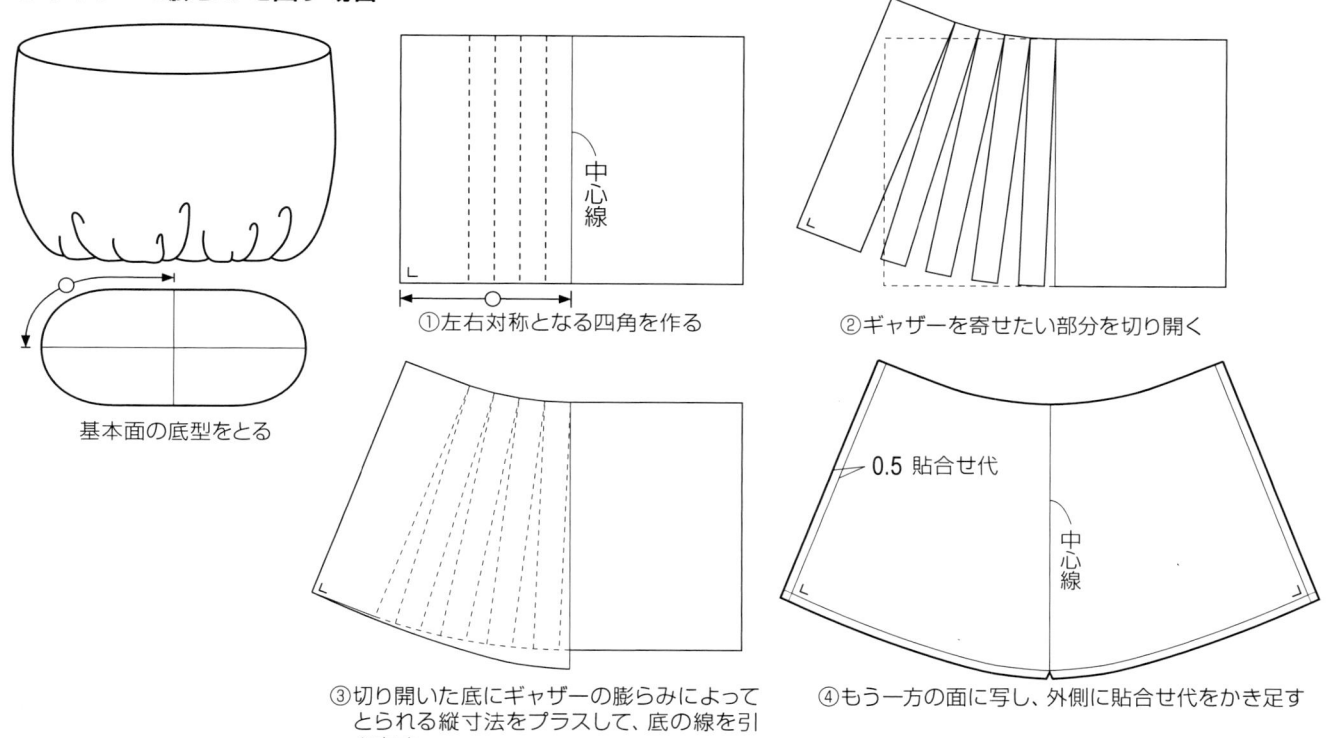

基本面の底型をとる

①左右対称となる四角を作る　中心線

②ギャザーを寄せたい部分を切り開く

③切り開いた底にギャザーの膨らみによってとられる縦寸法をプラスして、底の線を引き直す

④もう一方の面に写し、外側に貼合せ代をかき足す　0.5 貼合せ代　中心線

● スワローまちの角度のつけ方

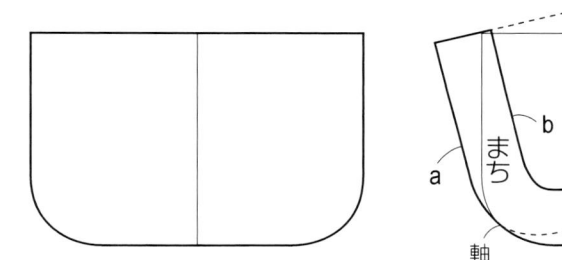

①基本型となる胴面をとる

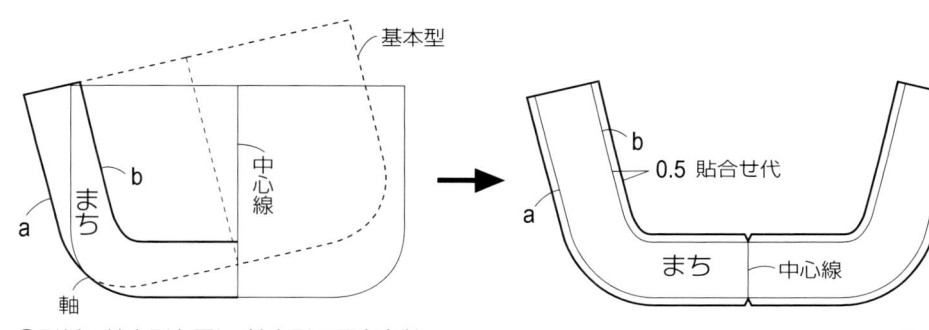

②別紙に基本型を写し、基本型の下角を軸に外側に傾け、線を写す（線a）。傾ける角度が広いほど膨らみが強くなる　基本型　まち　中心線　軸　a　b

③必要なまち幅を内側にとり、線を引く（線b）。軸にした部分をきれいなカーブになるように修正し、外側に貼合せ代0.5cmをかき足す　0.5 貼合せ代　まち　中心線　a　b

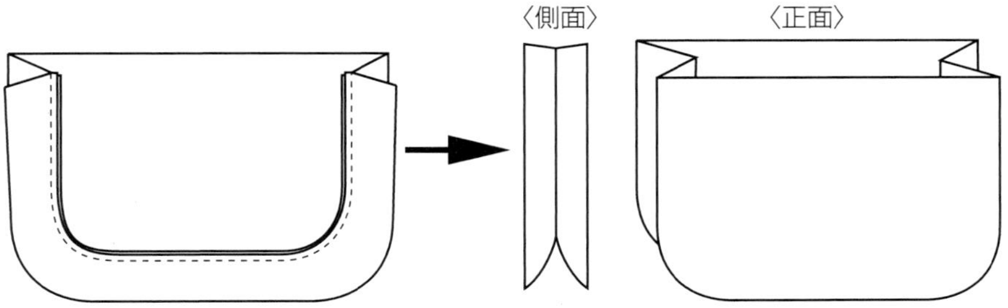

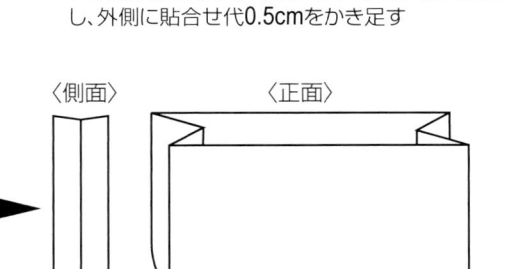

④2枚のまちを縫い合わせることでスワローまちになる。胴とまちを縫い合わせることにより、角度がつき、立体的になる　〈側面〉　〈正面〉

第5章　バッグの製作

3. 型出し補正

　型出ししたものを実際に持ってみて、全体のイメージ、大きさ、持ちやすさ、物の出し入れのしやすさ、持ったときのバランスなどをチェックする。

　この段階では、紙や布を使用しているので、切貼りしながら必要に応じて補正する。

補正の基礎

①高さと幅の補正

高さとまち幅を減らす場合 → 多い分量を切り取ったり、折り曲げる

②膨らみの補正

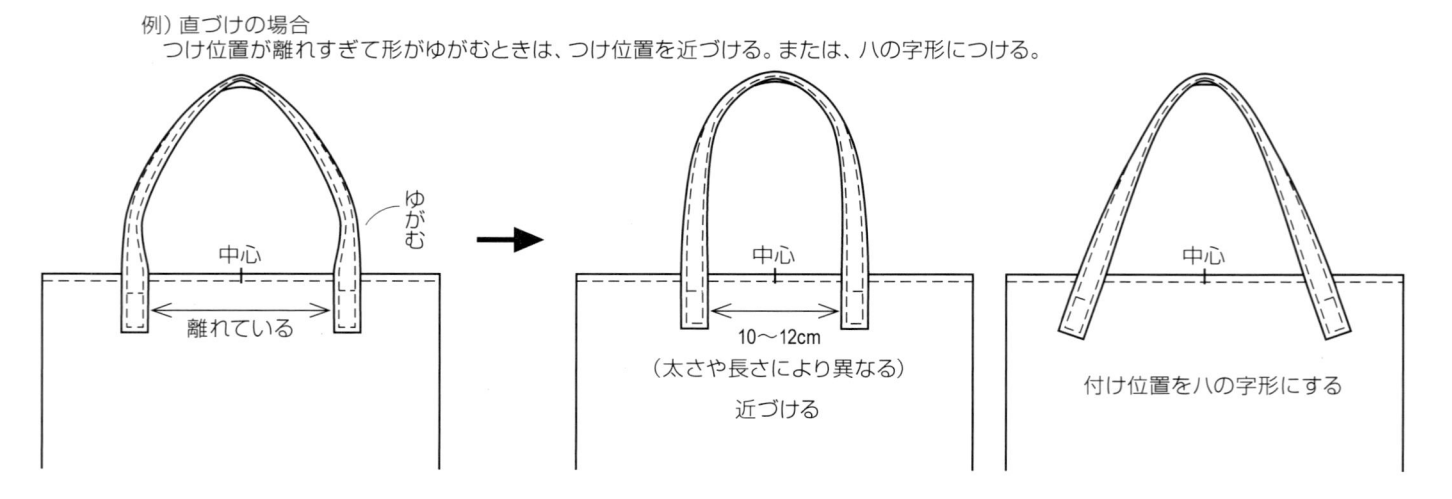

胴面に膨らみを足したい場合 → 膨らみを足したい場所を切り開き、裏から紙を貼り当てる

③持ち手の補正
形のゆがみや、持ちにくさなどをチェックする。
必要に応じて、太さ、長さ、つけ位置などを変更する。

例）直づけの場合
つけ位置が離れすぎて形がゆがむときは、つけ位置を近づける。または、ハの字形につける。

離れている → 近づける（10〜12cm　太さや長さにより異なる） / 付け位置をハの字形にする

4. 型紙

型出ししたものに従って型紙を製作する。この段階で縫合せ方を決め、必要な縫い代などをつけていく。また、左右対称の部分は、必ず中心線をとり、左右が同じ形になるように製作する。中心線や合い印などの位置に三角の切込みを入れておく。

一つのバッグを作るための型紙の種類は、各パーツの表材用、裏材用、芯材用など多くの枚数が必要となる。

①表材の型紙

胴、まち、かぶせ、持ち手、見つけ、胴の回りにつける玉などの型紙も用意する。

②裏材の型紙

胴、まち、ポケットの型紙を用意する。裏材は表材の内側に入るので少し小さく作る。そのため表材の縫い代つき型紙と同寸でとり、縫い代を0.7cmにする。また、表で切り替えた部分は、つなげてとる。

③芯材の型紙

必要に応じて芯材を入れたい部分の型紙を用意する。縫返し部分は、出来上り線より少し小さくする。

④合い印

縫製上大切な印なので必ず入れる。基本的には、中心、1cmの縫い代のある位置、カーブの途中などに入れるが、複雑なデザインの場合は多めに入れておくとよい。型紙が左右対称の場合は合い印も左右対称の位置に、三角の切込みを入れる。また、デザインにより持ち手の位置、ポケット、かぶせのつけ位置など印をつけ、型出ししたバランスを型紙に写しとっておく。

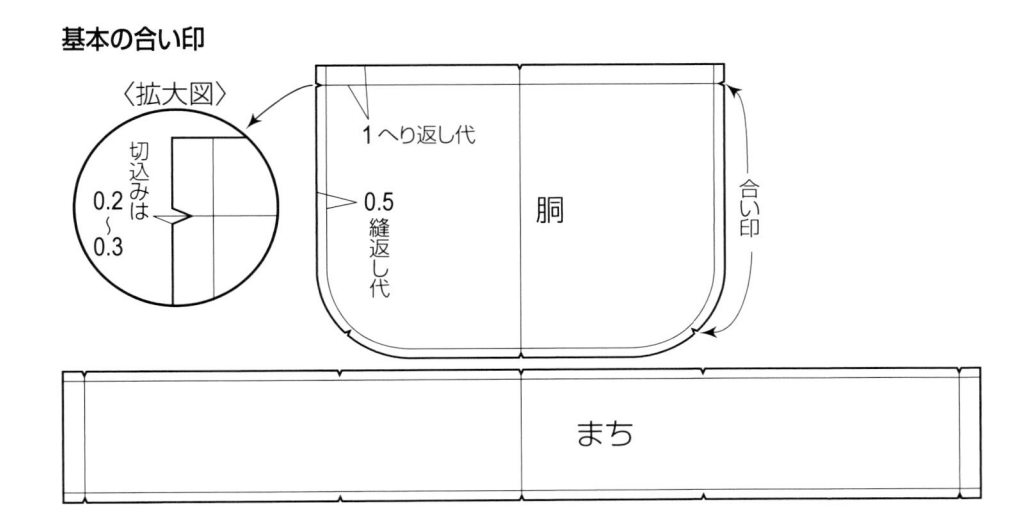

基本的な縫い代の分量	
切り目	0cm
縫返し代	0.5cm
へり返し代	1cm
重ね代	1cm
縫割り代	0.7〜1cm

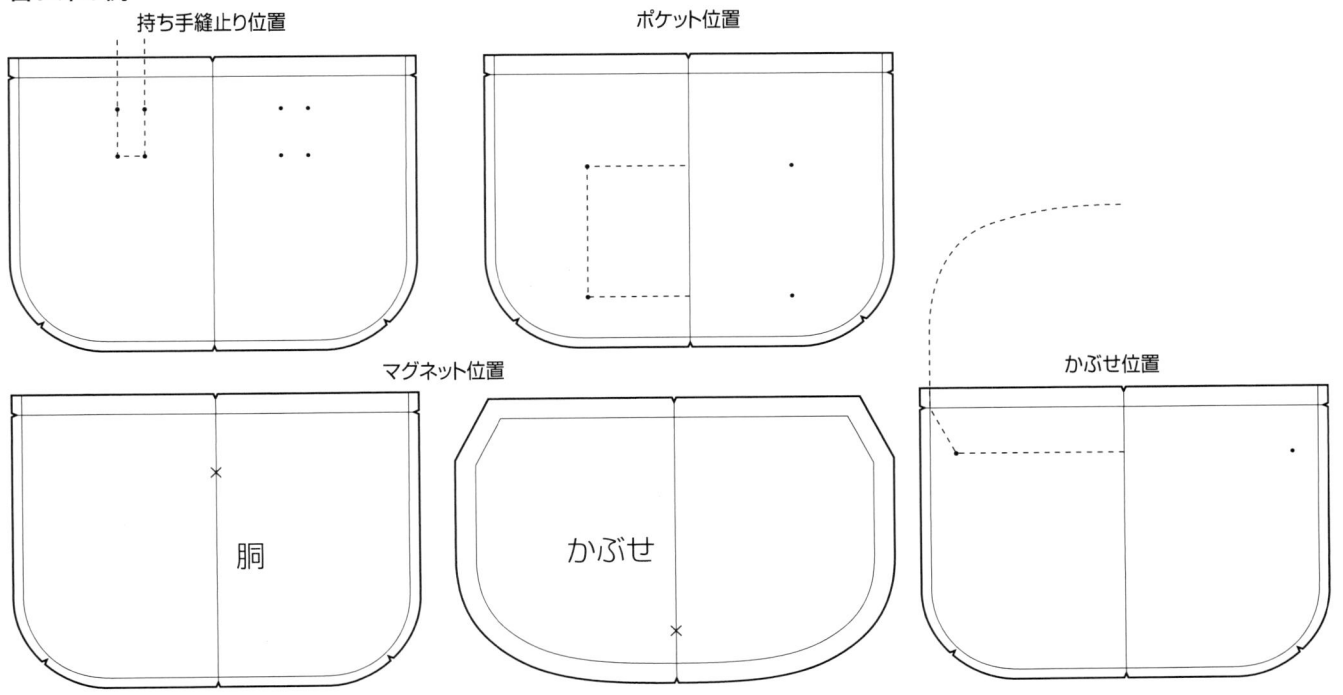

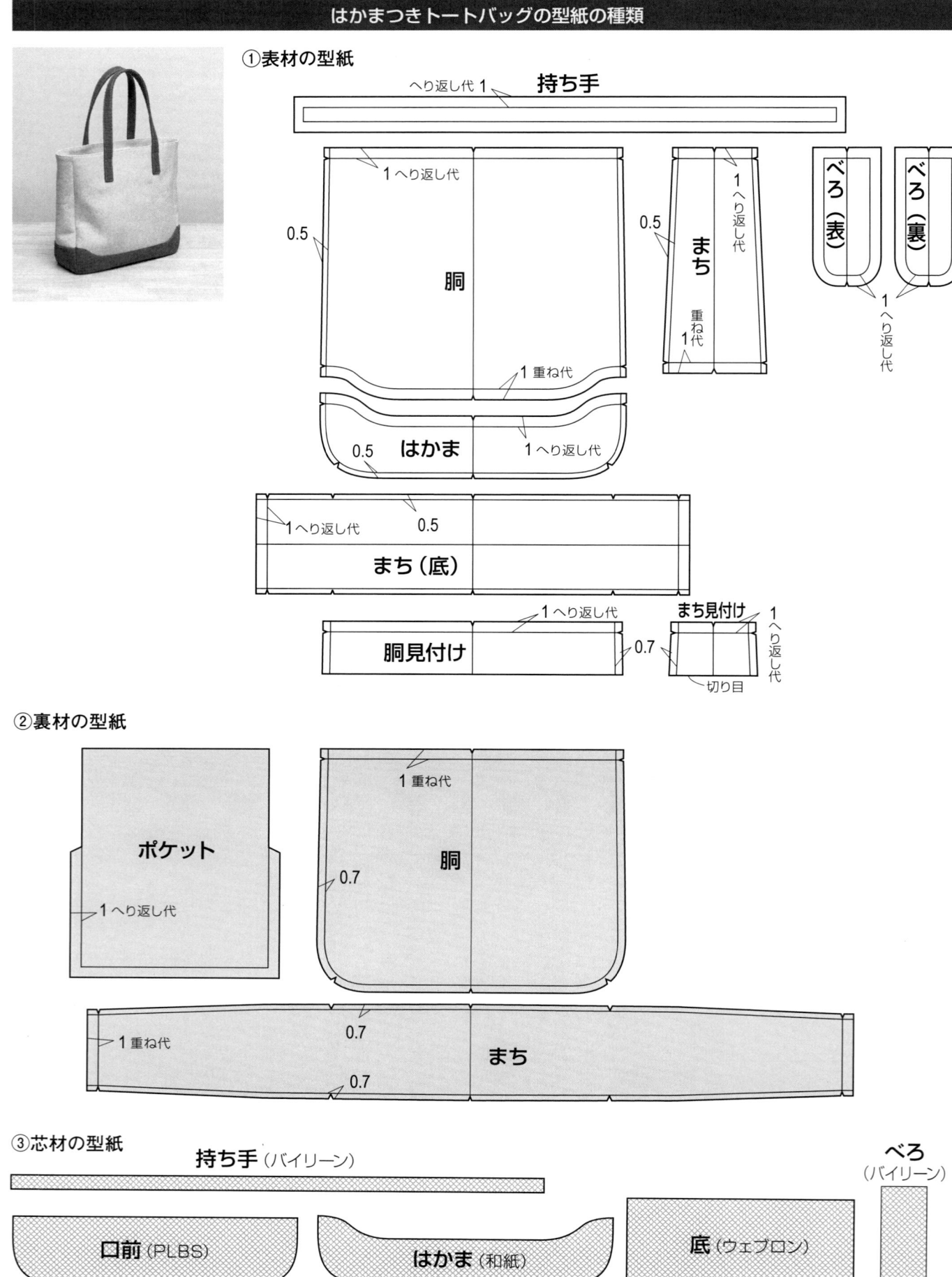

はかまつきトートバッグの型紙の種類

①表材の型紙

- 持ち手（へり返し代1）
- 胴（0.5 へり返し代1、1 重ね代）
- まち（0.5、1 へり返し代、重ね代1）
- べろ（表）、べろ（裏）（1 へり返し代）
- はかま（0.5、1 へり返し代）
- まち（底）（1 へり返し代、0.5）
- 胴見付け（1 へり返し代）
- まち見付け（0.7、1 へり返し代、切り目）

②裏材の型紙

- ポケット（1 へり返し代）
- 胴（1 重ね代、0.7）
- まち（1 重ね代、0.7、0.7）

③芯材の型紙

- 持ち手（バイリーン）
- 口前（PLBS）
- はかま（和紙）
- 底（ウェブロン）
- べろ（バイリーン）

5. 付属材料の準備

製作をスムーズに進めるためには、事前に付属材料の準備をしておく必要がある。裏布、芯材、金具、ファスナーなどデザインに適したものを準備する。

(1) 裏布

裏布には、木綿、合成繊維などが多く使用される。好みにより、無地、柄物など表材とのバランスを考え選ぶようにする。適度な厚さで、少し張り感のあるものが扱いやすい。また、布の他に薄手の豚革や馬革など、天然皮革を使用することもある。

(2) 芯材

芯材にはさまざまな種類や厚さがあり、口前、底、持ち手など、部分によって適するものを使用する。また、芯材には縦目横目の方向性があり、下図のように丸めたときになめらかになる方向が横目である。湾曲させたところに使用する場合は、横目の方向で合わせる。

芯の縦目と横目の見分け方

この方向が横目

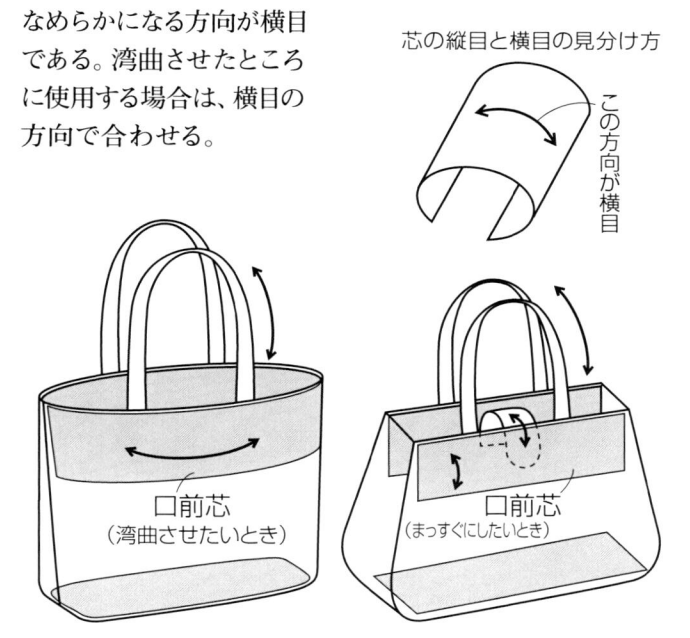

口前芯（湾曲させたいとき）

口前芯（まっすぐにしたいとき）

(3) 金具

金具は、機能を充分に満たすことが大切であるが、選ぶにはいくつかのポイントがある。一つのバッグの中で複数の金具やファスナーを使用する場合は、メッキの色や形状を統一するとよい。Dかん、角かん、バックルなどは、かんの内径のサイズとベルトの幅を合わせる。

また、マグネットやホック、その他の開閉用の金具類は、金具の特徴、つける場所を考慮して適したものを選ぶ。

(4) ファスナー

ファスナーはバッグの開閉として多く使用される。さまざまな種類、サイズ、色があり、デザインに適したものを選ぶ。

また、必要な長さに合わせて自分で加工することができるが、種類により使用するパーツや道具が異なるので注意をする。

①金属ファスナーの加工の仕方

≪準備するもの≫

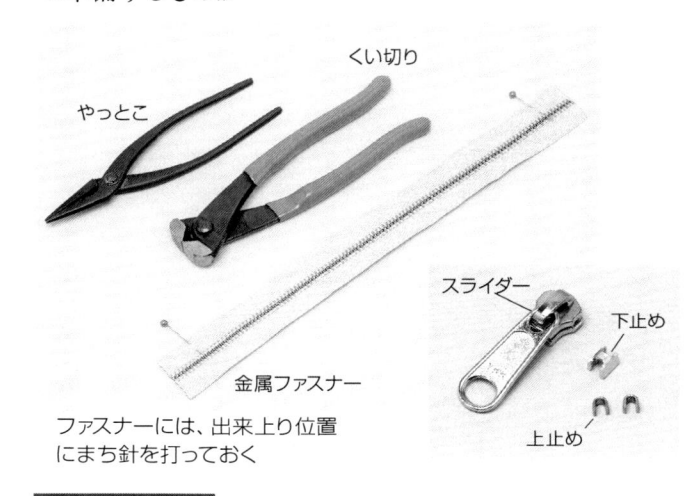

やっとこ　くい切り　金属ファスナー　スライダー　下止め　上止め

ファスナーには、出来上り位置にまち針を打っておく

◎作り方◎

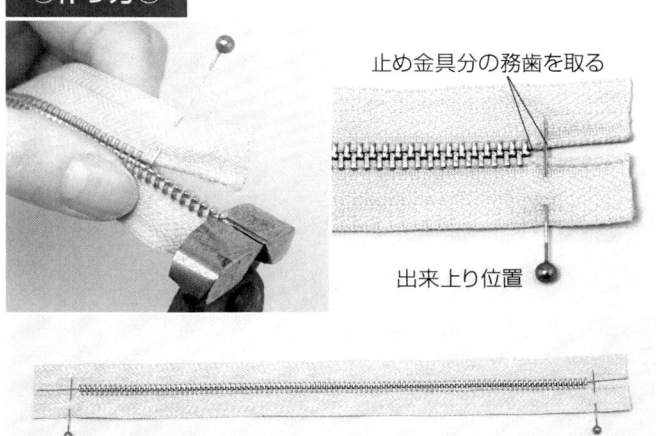

止め金具分の務歯を取る

出来上り位置

①テープを切らないように注意しながら、上下の不要な務歯をくい切りで取り除く。必要寸法より上下止め金具分の務歯も取る

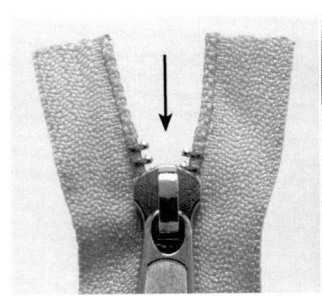

②務歯の方向に注意しながらスライダーを入れる

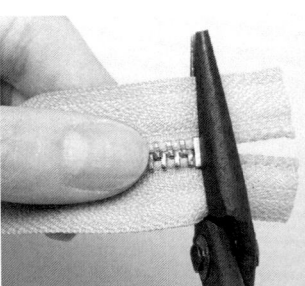

③下止め金具を入れ、やっとこでつぶし、止める

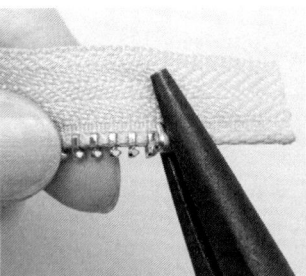

④上止め金具を止める

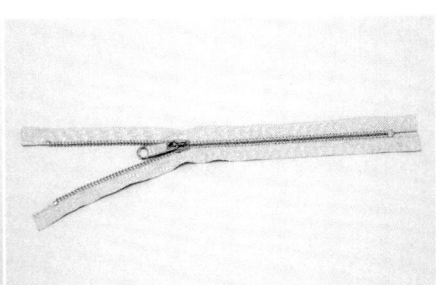

⑤出来上り

②コイルファスナーの加工の仕方

≪準備するもの≫

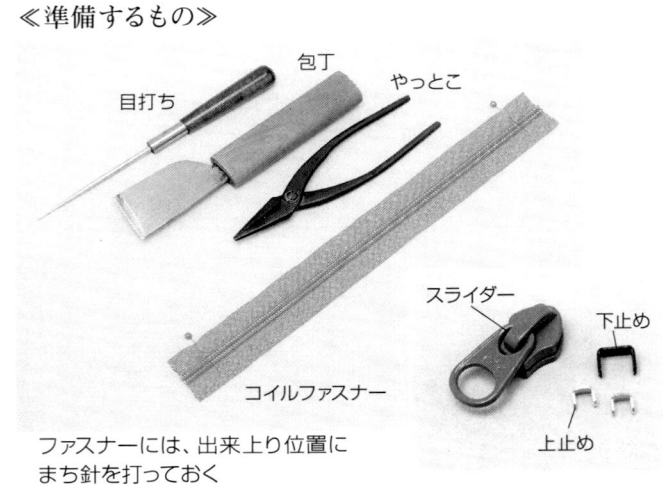

目打ち　包丁　やっとこ　コイルファスナー　スライダー　下止め　上止め

ファスナーには、出来上り位置にまち針を打っておく

◎作り方◎

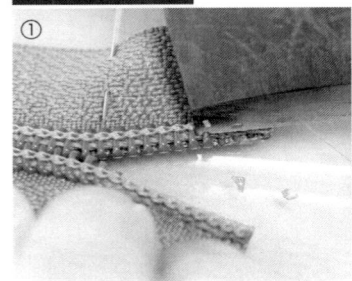

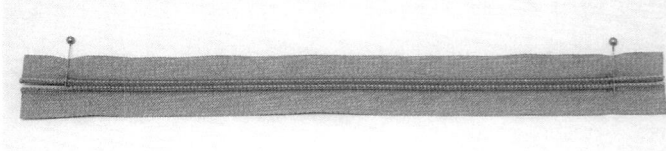

①テープを切らないように注意しながら、上下の不要な務歯を包丁の角で切り落とす

②テープに残っている務歯を目打ちで取り除く

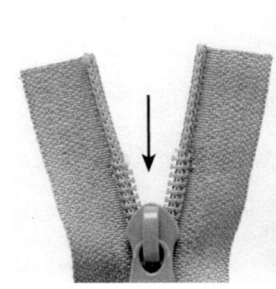

③スライダーを入れる。務歯に方向はないので、どちらからでもよい

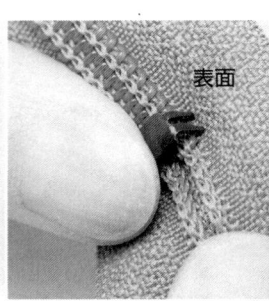

④下止め金具を表面から差し込む

⑤裏面の足をやっとこで折り、止める

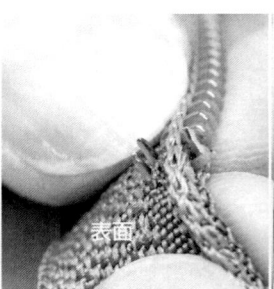

⑥上止め金具を裏面から差し込む

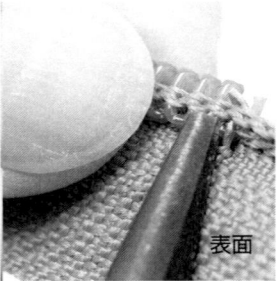

⑦表面の足を折り、止める

⑧出来上り

6. 裁断

　表材に多く使用される皮革は天然の素材であるため、1枚1枚の大きさ、形状、性質が異なる。また、1枚の皮革の中でも部位によって性質が違い、傷などもあるため使用できない部分もある。そのために何枚も重ねて裁つことはできないので、包丁を使って1枚ずつ裁断しなければならない。

　下の図は、半裁革からパーツを裁断するときの基本的な方向を示した。先にも述べたように、傷などを避けて取る都合上、必ずこのように裁断ができるわけではないが、革の繊維の方向性（「（2）皮の構造と成分」26ページ参照）を考えてむだなく裁つことが大切である。
　同時に裏地、芯地の裁断も行なう。

《半裁革　パーツ裁断方向の目安》

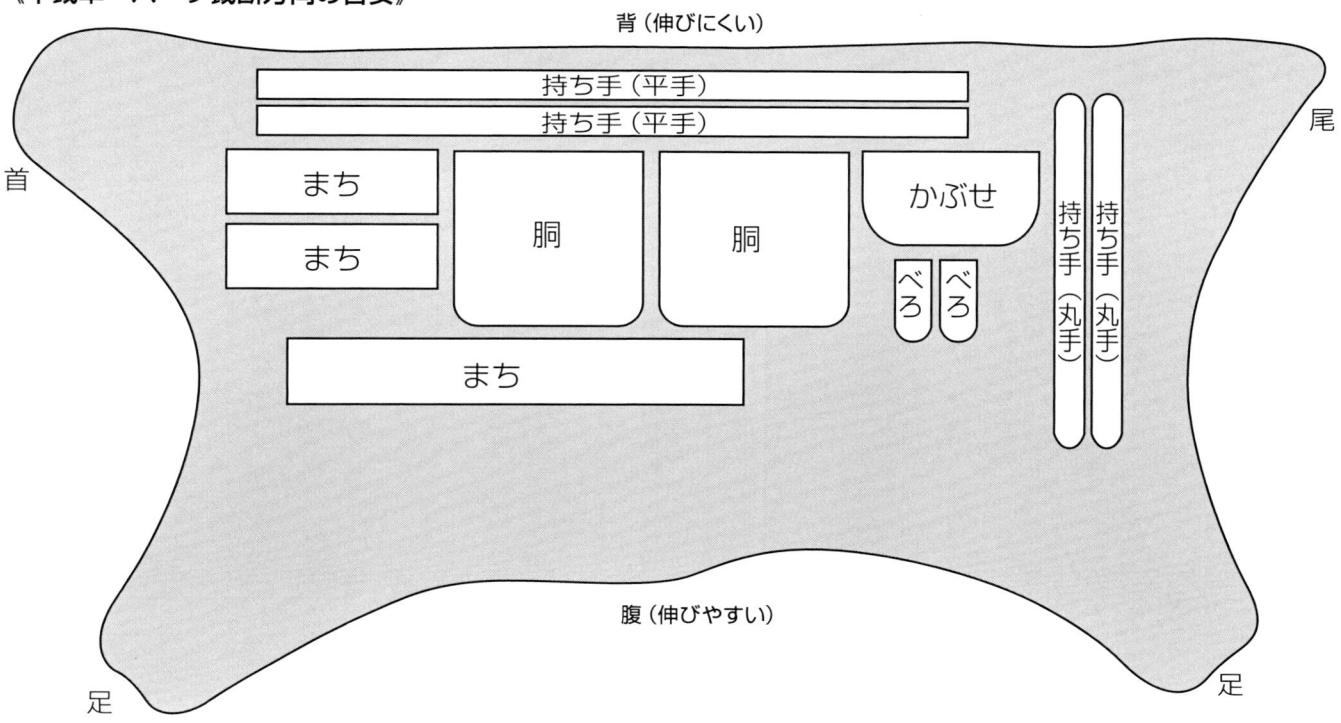

背（伸びにくい）

持ち手（平手）
持ち手（平手）
まち
まち
胴
胴
かぶせ
べろ
べろ
持ち手（丸手）
持ち手（丸手）
まち

首　　尾
腹（伸びやすい）
足　　足

裁断方法

　革を裁断するときは、革の表面を上にして傷などを確認しながら裁断する。型紙を銀ペンでかき写し、線の内側を包丁で裁断する。慣れてきたら、型紙を革の表面に置き、文鎮やクリップなどで固定させて、型紙のきわを包丁で裁断する。こちらのほうが早く、誤差は少ない。

● 写し裁ち

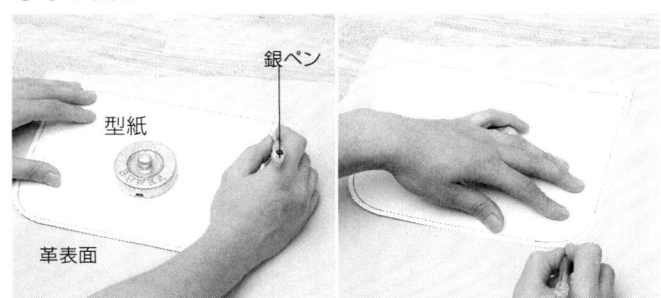

①型紙を銀ペンでかき写す
②線の内側を裁断する

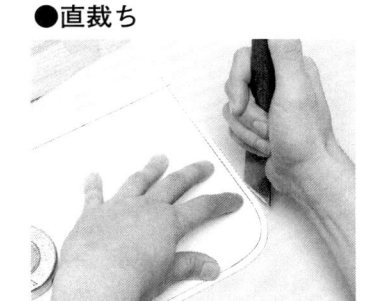

● 直裁ち

型紙を置き、直に裁断する

7. 革すき

革すきとは、革の裏面を薄く削り取り、厚みを薄くすることであり、革を縫製するための重要な工程である。

革は布とは違い、厚みがあるものが多く、そのままでは縫製しにくい。そのため縫い合わせる部分を縫製方法に適した厚さと幅にすく必要がある。また、見付けや平手の裏など、パーツによっては全体をすくこともある。作ろうとするバッグのデザインや革の厚さ、硬さによって必要な革すきの厚さ、幅が違うため、その都度試して判断しなければならない。

革すきの形状と名称
こばすき‥部材の端だけをすくこと。
全すき……部材の全面をすくこと。

革すきの厚さと名称
厚すき……厚く残してすくこと。目安としては、もとの革の $\frac{1}{4}$ をすき取る。
中すき……もとの革の $\frac{1}{2}$ をすき取る。
薄すき……薄くなるようにすくこと。目安としては、もとの革の $\frac{3}{4}$ をすき取る。

●革すき機
実際使用する革の余りで試しすきをし、厚さや幅の調節をしてから実物の革をすく。

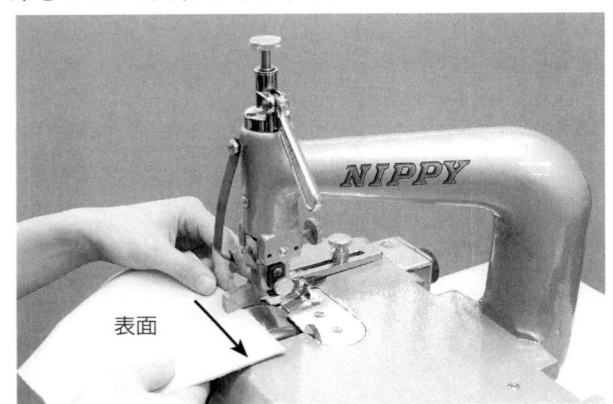

表面

●手すき
包丁を使用し、すき砥（ガラス板）の上ですく。

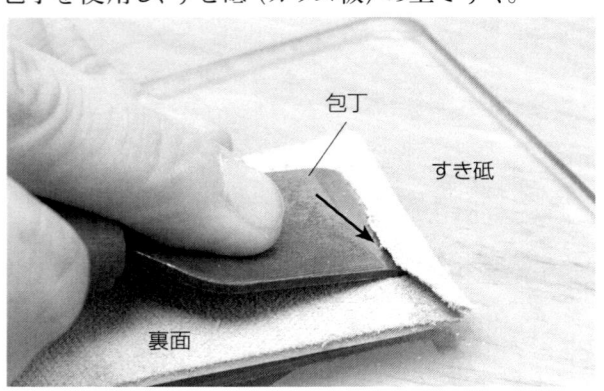

包丁
すき砥
裏面

すき幅と厚みの例
革の厚み1.8～2.2mmくらいの場合
革が厚い場合は広く、薄い場合は狭くすることもある

へり返し代1cmの場合
1.2～1.3幅の薄すき

1.2～1.3

裏面

重ね代1cmの場合
1.2～1.3幅の中すき

1.2～1.3

縫返し代0.5cmの場合
0.7～0.8幅の中すき

0.7～0.8

全面を一定の厚さにすく場合
全すき

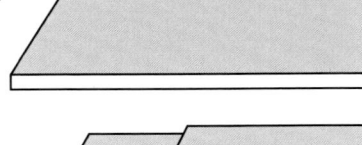

へり返し代1cmと
全すきをする場合
1.2～1.3幅の薄すきの後
全すきをする（2段すき）

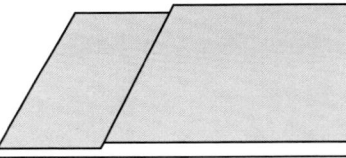

ファスナーつきポケット口を
へり返す場合
細幅の押え金の幅で薄すき

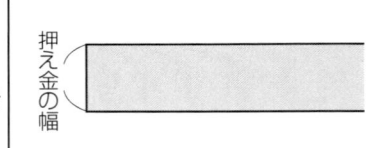

押え金の幅

ギャザーやタックを入れる場合
幅広く斜（はす）すき

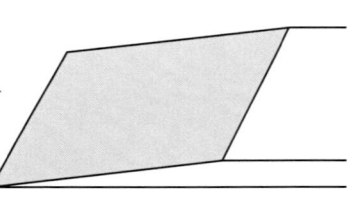

貼合せなどの場合
手すき

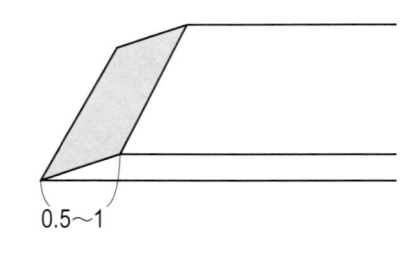

0.5～1

8. 縫製準備

ミシン縫製に入る前に、部材どうしを仮止めしたり、芯材を貼ったりする作業「しつけ」をする。バッグ製作の場合は、しつけの接着剤としてゴムのりや両面テープなどを使う。これらは適する場所が異なるため、それぞれの性質を理解し、使い分ける。

また、切り目仕立ての場合は、こばの始末を行なう。

これらの作業は、ミシン縫製してから行なう場合もあり、すべてを一度に行なうわけではない。縫製手順をしっかり理解しておくことが大切である。

（1）ゴムのりの使用方法

ゴムのりは、革の裏や布などのざらついている面に使用する。そして、接着したい面の両面に薄く塗り、貼り合わせる。ゴムのりは揮発性のため、ふたが金属製で気密性の高いビンに小分けにして使用する。また、使わないときはしっかりふたを閉めておく。

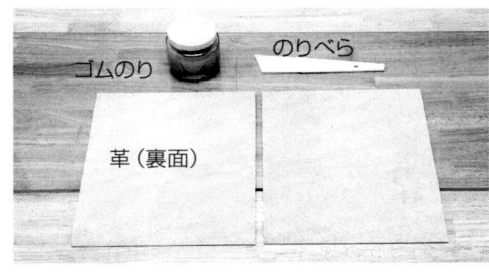

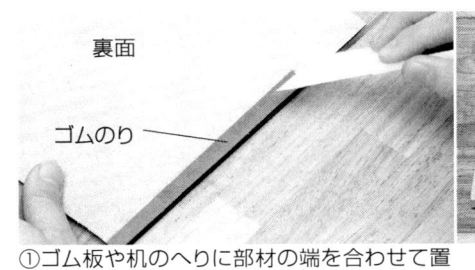

①ゴム板や机のへりに部材の端を合わせて置く。のりべらを使用し、ゴムのりを薄く塗る

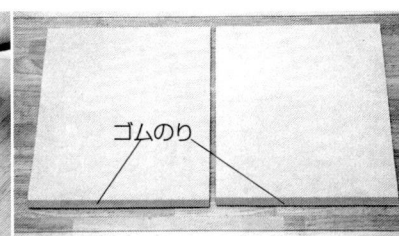

②2枚の部材に塗り乾かす

③貼り合わせる

（2）両面テープの使用方法

両面テープはどんなところにも使用できるが、主に表面どうしの接着に使用する。両面テープを貼った上を縫うと粘着力により、縫い目がとぶことがあるので、貼る位置は縫うところを避けるようにする。通常は細幅（0.3cm）のテープを使用するが、しっかり止めたい場合は広幅（0.5cm）を使用する。

● 縫い代が0.5cmで中表に縫い合わせる場合

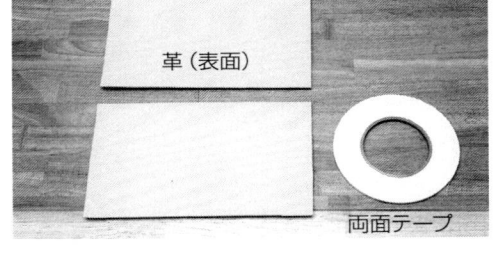

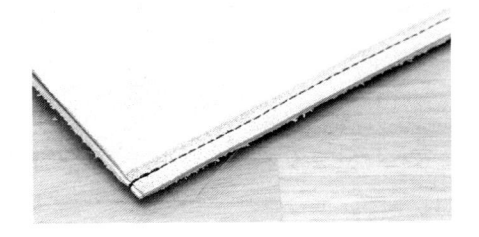

● 重ね代1cmで縫い合わせる場合

①両面テープを1枚の部材の端に貼る

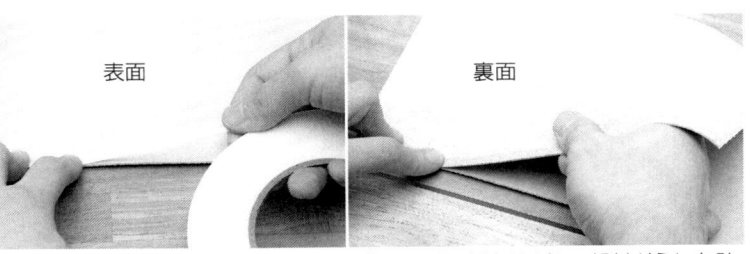

②テープの紙をはがし、部材どうしを貼り合わせる

①下になる部材の端に両面テープを貼る

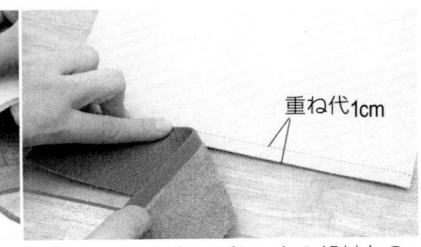

②テープの紙をはがし、上の部材をのせる

第5章　バッグの製作

（3）こば始末の方法

こば始末とは、切り目仕立ての革の切り口をきれいに整えることである。始末の方法には大きく2種類あり、切り口にこば塗り液をのせるように着色する場合と、磨き剤をしみ込ませ、磨いてつやを出す場合がある。これらは、革のなめしの種類により適するものが違う。

●こば塗り液

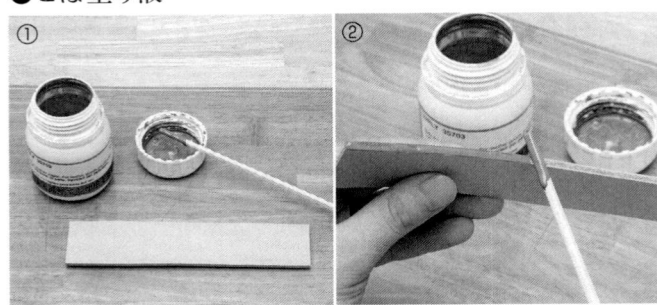

①革の色に合わせたこば塗り液を選ぶ
②割りばしや綿棒などで切り口にのせるように着色する。はみ出さないように注意しながら、2～3回塗るときれいに仕上がる。革の表面にはみ出した場合は、すぐふき取る

●磨き剤

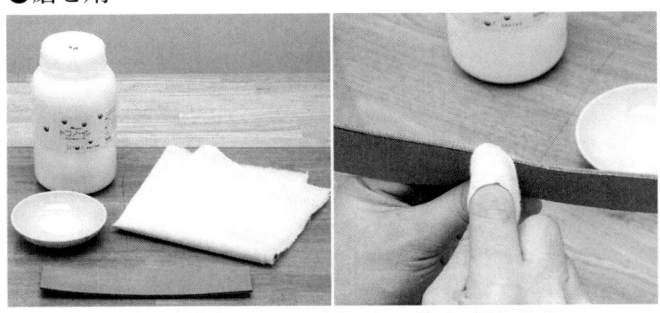

磨き剤を切り口につけて布で伸す。切り口のけば立ちがおさえられ、タンニンなめし革は、磨くとつやが出る

（4）へり返しの方法

口前やかぶせ回り、胴、まちの切替え部分、持ち手回りなど、革を内側に折って貼る始末の方法。この方法には、素材や場所により芯材を入れる場合と入れない場合がある。丸みのあるデザインや複雑な形状の部分には芯材を入れ、それを案内としてへり返しをするときれいに仕上げることができる。

また、和紙を使用し、へり返しした後に不要な部分を取るという方法もある。

●芯材を入れる場合

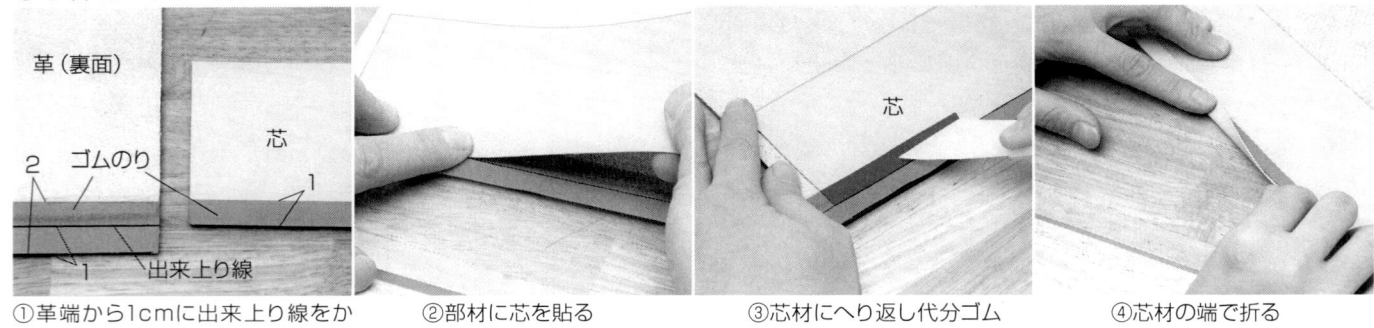

①革端から1cmに出来上り線をかき、ゴムのりを部材と芯材の貼り合わせる位置に塗る
②部材に芯を貼る
③芯材にへり返し代分ゴムのりを塗り足す
④芯材の端で折る

●芯材を入れない場合

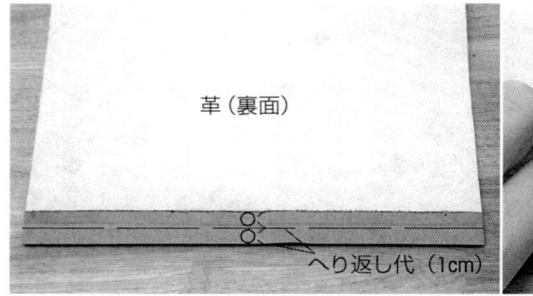

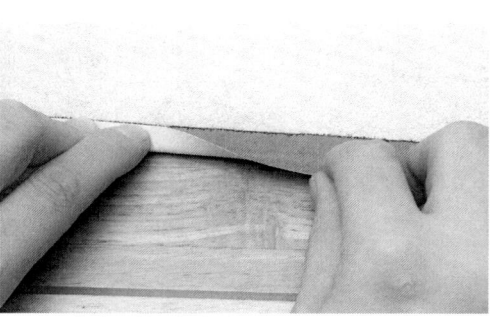

①へり返し代の倍の幅（2cm）で線をかき、ゴムのりを塗る
②線に革の端を合わせるように折る

● 丸みをつけながらの芯材の貼込みと、カーブをへり返す場合

①表材の裏面の周囲に約2cm幅でゴムのりを塗り、芯材の周囲にも約1cm幅でゴムのりを塗る。丸みを出したい部分にカーブをつけながら、芯材を貼る

②芯材にへり返し代分のゴムのりを塗り足し、折っていく。カーブの部分は目打ちや指先でひだをとりながら、芯材をたよりにきれいな曲線に仕上げる

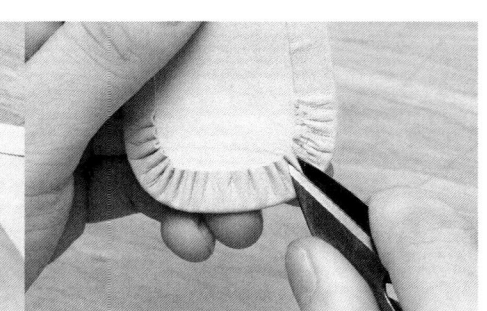

カーブが強い場合は、へり返し代の余りが多く厚くなるので、余分な革を小ばさみで切り落とす

● へこみのカーブの場合

①へり返し代に細かいきざみの切込みを入れる。切込みの深さは、へり返ししたときに切込みが表から見えないように注意する

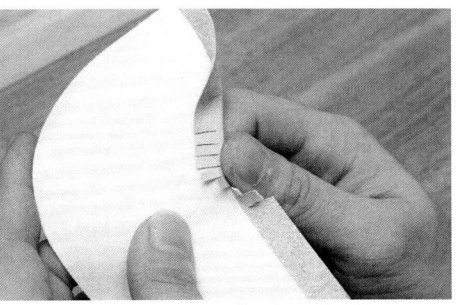

②芯材をたよりにカーブに合わせて折る

● 和紙を入れる場合

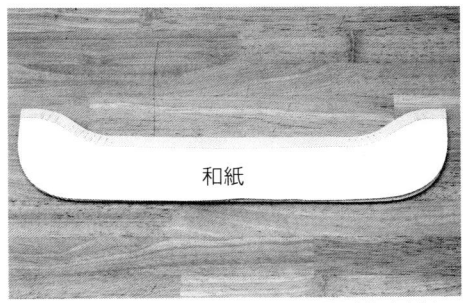

①カーブや複雑な形状の部分で、硬く仕上げたくない場合などに、和紙を芯材代わりにする

②へり返しした後に不要な和紙を破り取る

● 角をへり返す場合（芯材を入れる場合

①部材と芯材を貼り合わせ、芯材にへり返し代分ゴム乗りを塗りたす

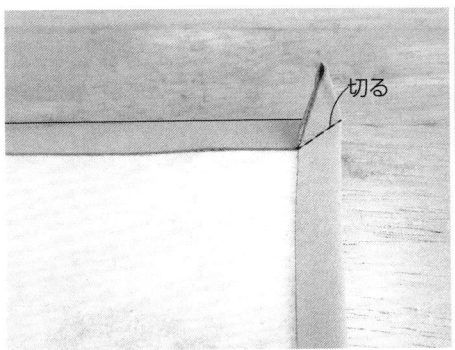

②芯材の端で折り、角は余りが三角になるように立ち上げ、根元で切る

第5章 バッグの製作

9. 縫製

いろいろな準備段階を経て、ばらばらの部材を縫い合わせ、完成品にする工程を縫製という。

「第4章 縫製の種類 1. 縫合せ方」(40ページ) に記したように、縫製にはさまざまな種類がある。ミシンの特性を理解し、縫う部分によってミシンを使い分ける。

● 平ミシンの縫製

平面的な部材の縫合せや、ステッチをかける場合

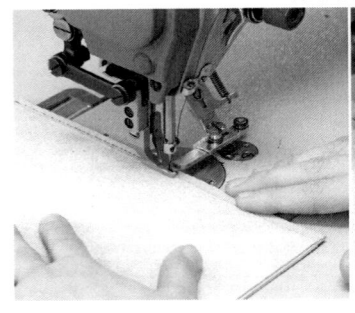

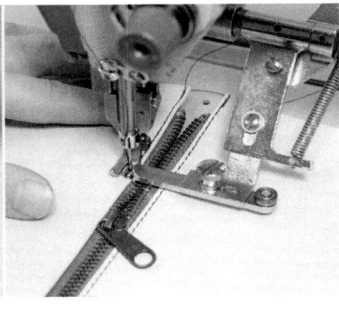

ソフト仕立ての立体的な部材を縫い合わせる場合

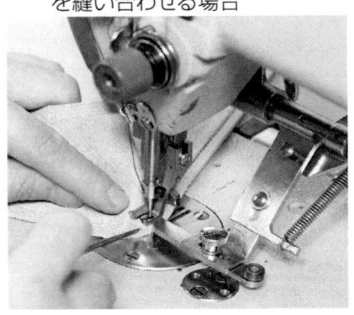

● 腕ミシンの縫製

湾曲型の部材を縫う場合

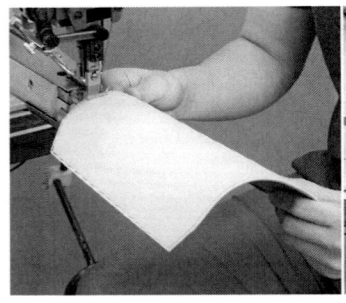

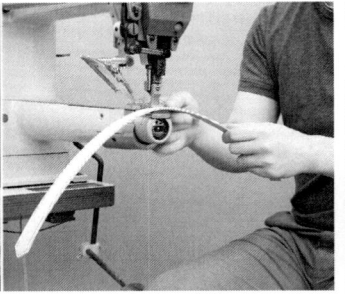

口前を縫う場合

ハード仕立ての立体的な部分を縫う場合

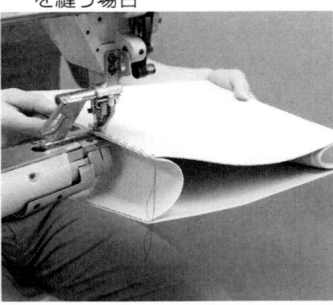

● ポストミシンの縫製

平ミシンや腕ミシンでは縫えない、立体的な底やまちを縫い合わせる場合

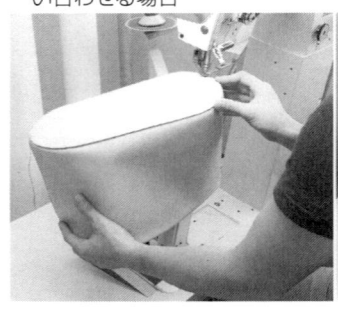

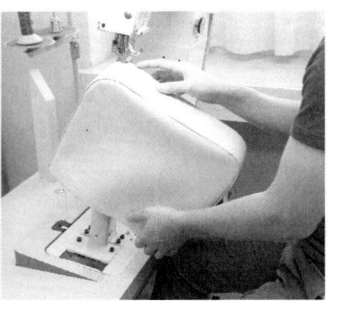

● アタッチメント使用の縫製

アタッチメントを取りつけることで、縫いにくい部分をきれいに縫い上げることができる。縫うものによってそれぞれ専用のものがある

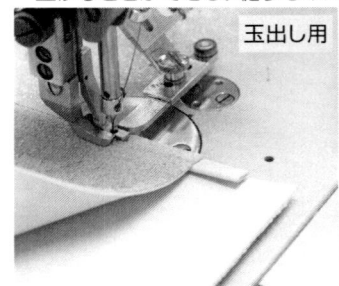

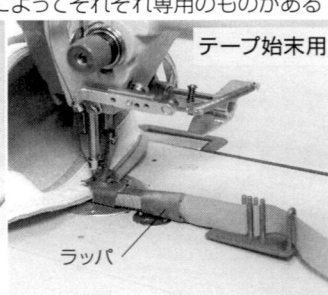

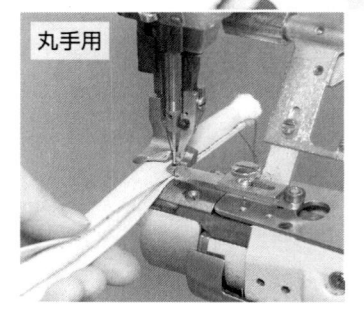

玉出し用

テープ始末用

ラッパ

丸手用

● 糸始末

　ミシンの縫始めと縫終りは、返し縫いをして糸を裏面に引き出し、0.2～0.3cmくらいに短く切る。糸の始末は、糸の先をライターで溶かしてつぶす。それによりほつれ止めになる。また、綿などの溶けない糸を使用する場合は、白ボンドをつけて止める。

　あまり力のかからない部分で、返し縫いをせずに仕上げたい場合は、裏で糸を結び白ボンドをつけて止めてもよい。

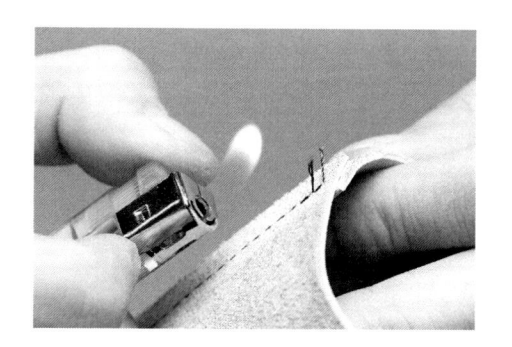

10. 仕上げ

　開閉金具や飾り用の金具など縫製が終わった後につける金具やバックルの穴開けは、バッグ全体のバランスを見ながら最後にする。

　保管する場合は、形がくずれないように新聞紙などで作った詰め物（あんこ）を中に入れておく。

　出来上がったバッグは、機能性や持ちやすさなど、イメージどおりに仕上がっているかを確認する。実際に作ってみて、改良すべき点があれば今後の製作に生かしていくようにする。

● あんこの入れ方

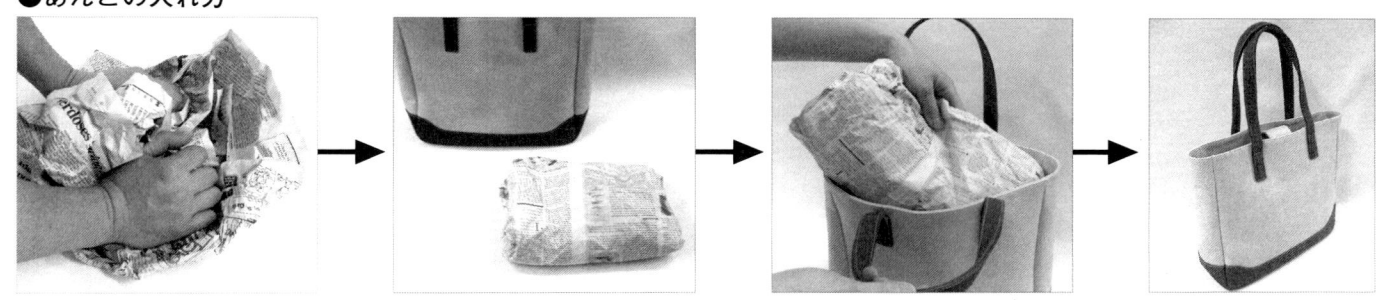

新聞紙を丸め、バッグの形に合わせた大きさにする　→　バッグの中に入れ、形を整える

第 6 章

部分縫いと作例

　バッグを作るための縫製方法はいろいろあるが、ここでは、基本的な部分縫いと、基本となる四つのタイプのバッグの完成までの工程を解説する。

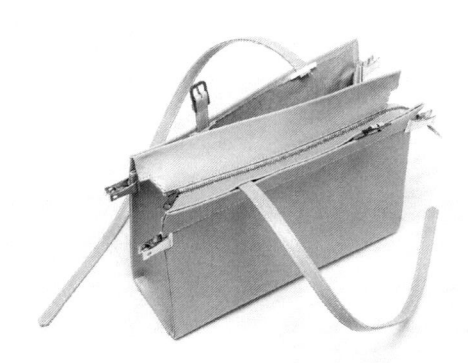

1. 部分縫い

（1）ポケット

●布の2枚仕立てポケット

出来上り寸法を横a、縦bとした場合。

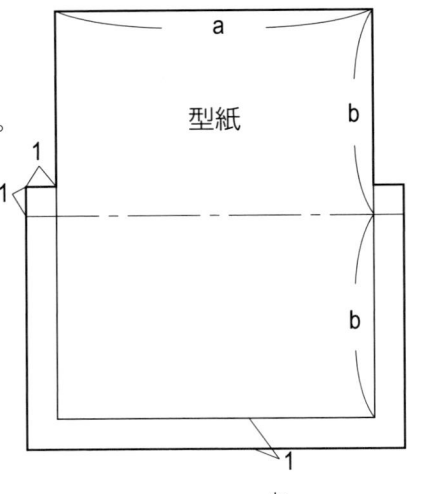

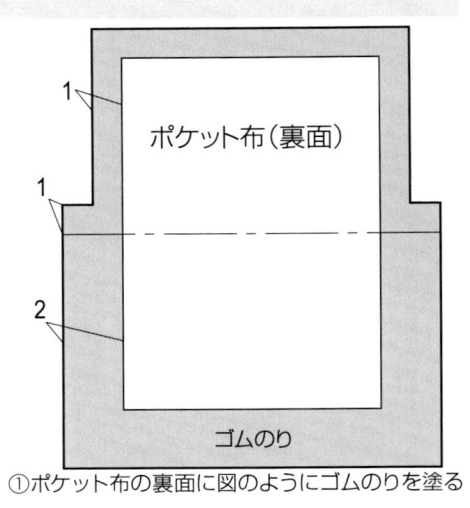

①ポケット布の裏面に図のようにゴムのりを塗る

②端から1cm幅あけて折る

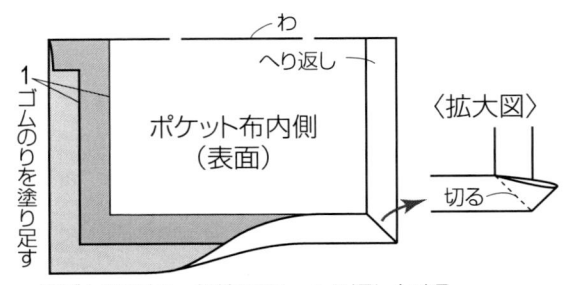

③ゴムのりを1cm幅塗り足し、へり返しをする
角のへり返し代は余りが三角になるように立ち上げ、根もとで切る

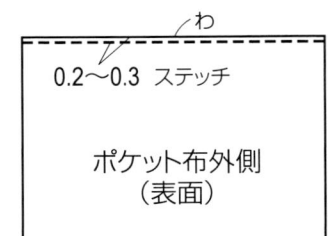

④外側に返し、わ（口前）の側にステッチをかける

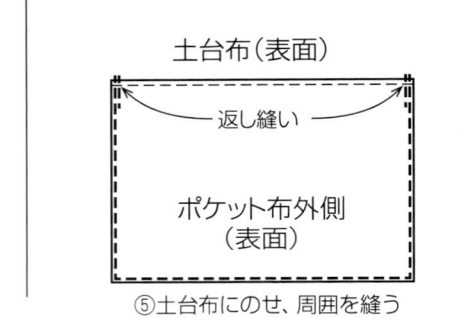

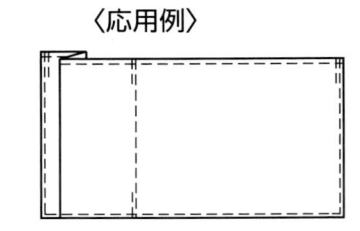

⑤土台布にのせ、周囲を縫う

〈応用例〉

図のように折りたたむことで、立体的なものが入れやすくなる

●ファスナーつき落しポケット

土台布（または革）のファスナーつけ部分がへり返し仕立ての場合。

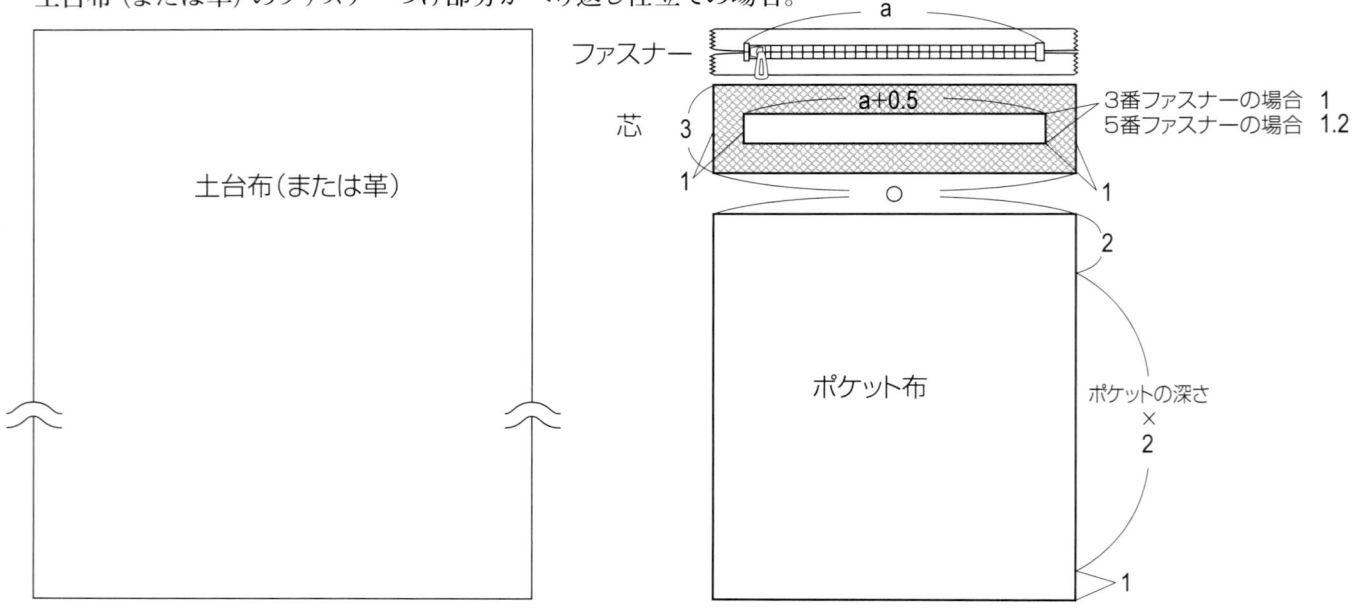

3番ファスナーの場合　1
5番ファスナーの場合　1.2

ポケットの深さ × 2

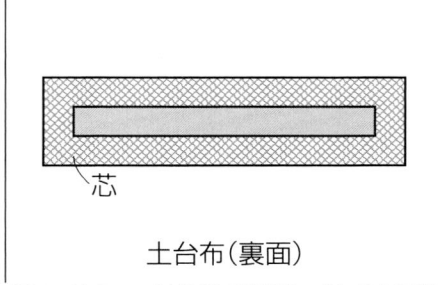

①ファスナーつけ位置の裏面にゴムのりで芯を貼る。土台布の裏面にゴムのりを塗るとき、芯を貼る位置をかき写しておく

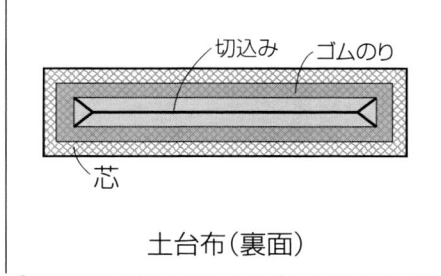

②芯の穴の部分に切込み線をかいてから、図のように芯にゴムのりを塗る。線どおりに切込みを入れる

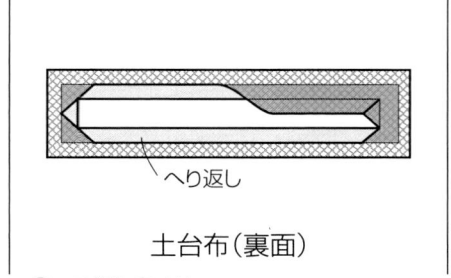

③へり返しをする

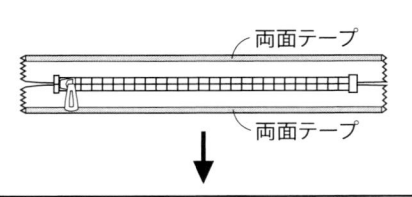

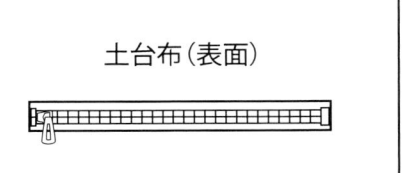

④ファスナーの表、裏両端に両面テープを貼る。表のテープをはがして、穴の中心に合わせながら土台布の裏面に貼る

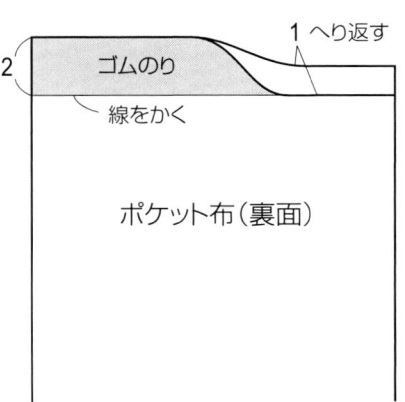

⑤ポケット布の一片に2cm幅で線をかき、ゴムのりを塗り、1cm幅にへり返す

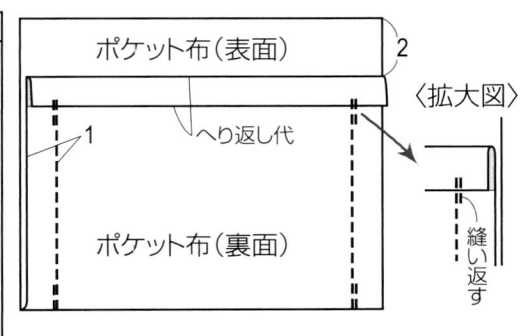

⑥2cmの位置に合わせて折り、両側1cmの幅で縫う。へり返し代に1目かかるように返し縫いをする

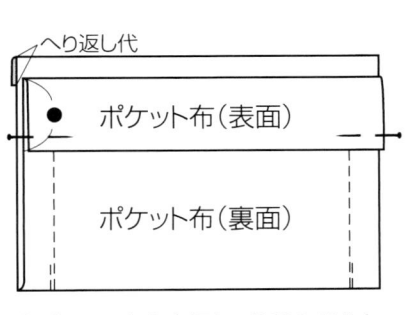

⑦ポケット布を裏返し、●印の部分を下に倒して、まち針で止める

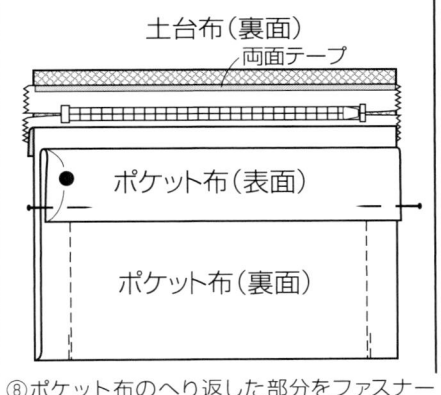

⑧ポケット布のへり返した部分をファスナーの穴の下の線に合わせて貼る

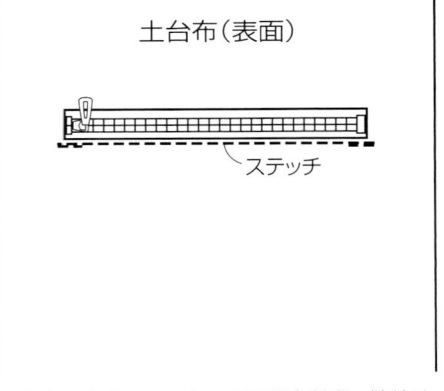

⑨表面からファスナーの下部を縫う。縫始めと終りはファスナーより1目外まで縫う

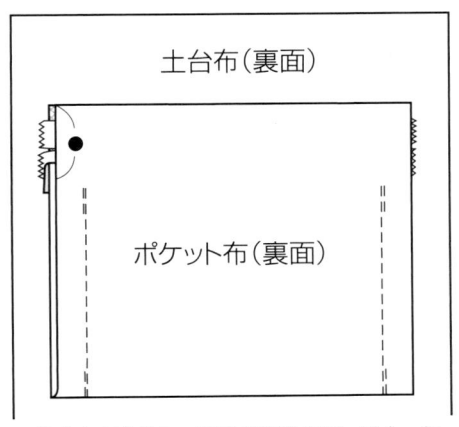

⑩まち針を取り、●印の部分をファスナーに貼る

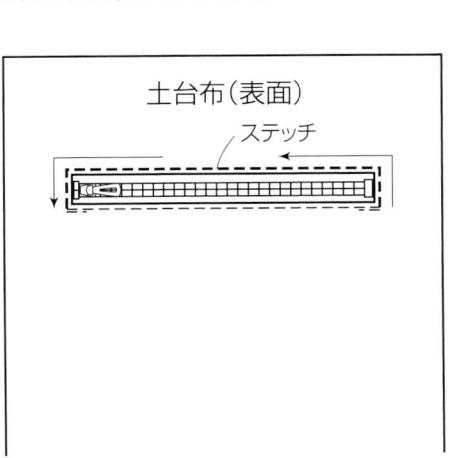

⑪表面から上部をコの字に縫い、出来上り

第6章 部分縫いと作例

部分縫い

（2）玉出し縫製

●玉を作る（革の場合）

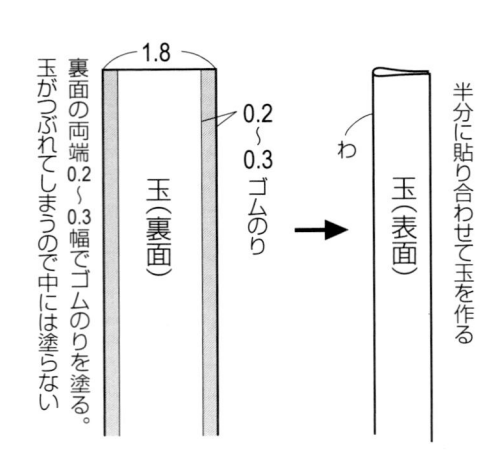

裏面の両端0.2〜0.3幅でゴムのりを塗る。玉がつぶれてしまうので中には塗らない

1.8
玉（裏面）
0.2〜0.3 ゴムのり

わ
玉（表面）

半分に貼り合わせて玉を作る

縫い代0.5cmの場合、通常は1.8cm幅にする。長さは、貼り合わせたときに誤差が出るため、必要な長さより少し長めにとり、胴に貼り合わせてから切る。革が厚い場合は全すきする

●面の途中から玉が始まる場合

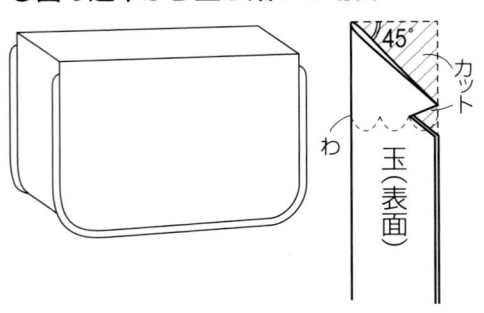

45° カット
わ 玉（表面）

①一方の玉の先を貼り込みやすくするため、カットする

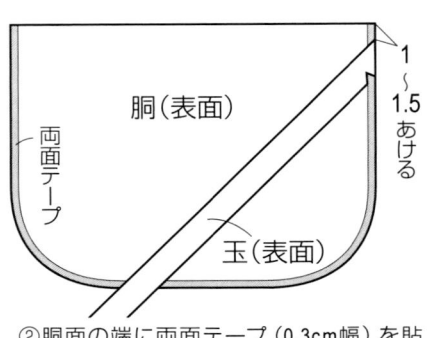

胴（表面）
両面テープ
玉（表面）
1〜1.5あける

②胴面の端に両面テープ（0.3cm幅）を貼り、玉の先端を止めつける
※両面テープを使わず、0.2〜0.3cmの幅でミシンをかけて止める場合もある

切り込んだ部分の断面を合わせるように曲げながら貼る

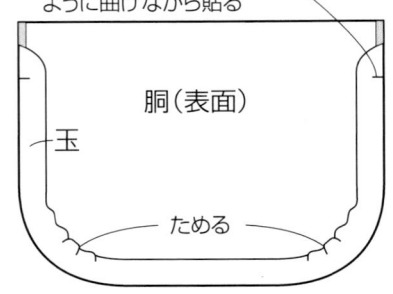

胴（表面）
玉
ためる

③カーブの部分は表に返したときに逆になるので、内側にためるように貼る。最後の部分も始まりと同じようにカットして貼る
④まちと貼り合わせて縫う

●面を囲む場合

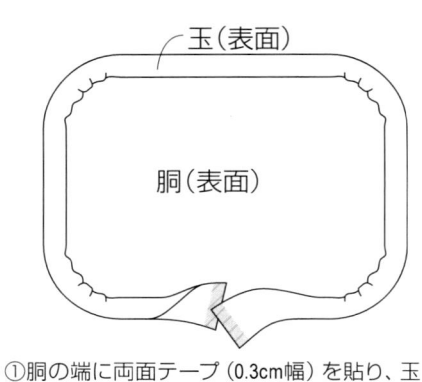

玉（表面）
胴（表面）

〈拡大図〉
裏面　表面
裏面をすく　表面をすく

①胴の端に両面テープ（0.3cm幅）を貼り、玉を止めつける。玉の始まりと終わりを手ですき、すいた部分をゴムのりで貼り合わせる。貼合せ位置はなるべく目立たない部分にする

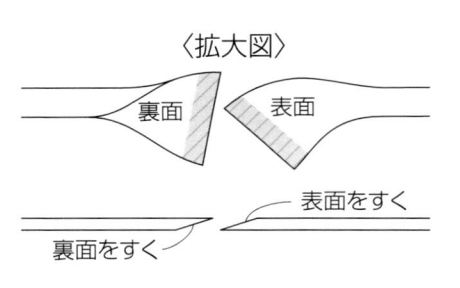

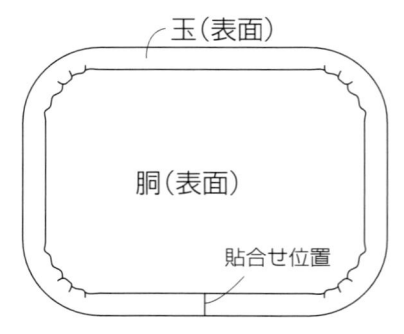

玉（表面）
胴（表面）
貼合せ位置

②まちと貼り合わせて縫う

（3）かぶせの作り方

●へり返し仕立て、マグネット使用の場合

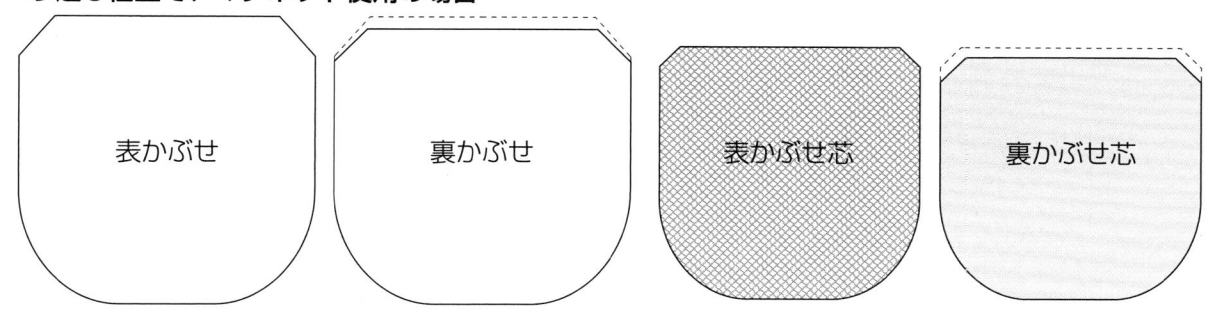

表かぶせ　　裏かぶせ　　表かぶせ芯　　裏かぶせ芯

裏かぶせは内側（内径）になるので、表かぶせより縦を短くする
素材の厚みにより異なるが、約0.3〜0.5cm短くする

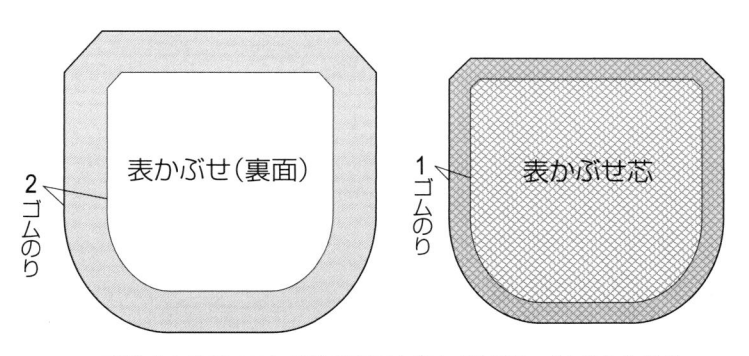

①革すきの後、表かぶせの裏面と表かぶせ芯にゴムのりを塗る

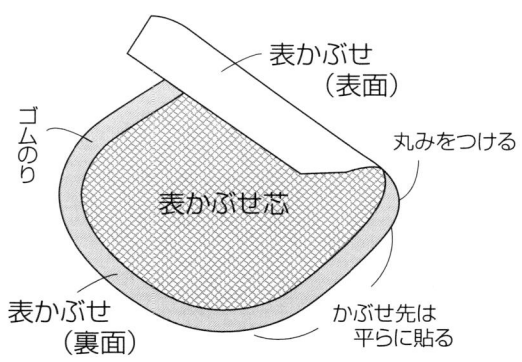

②カーブする部分に丸みをつけながら、表かぶせの裏面に表かぶせ芯を貼る

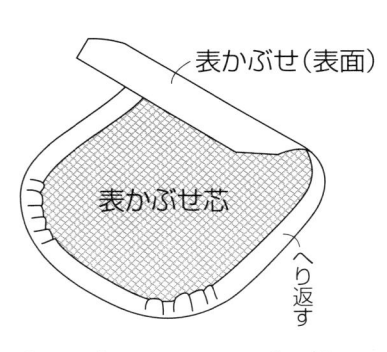

③表かぶせ芯に、へり返し代の幅でゴムのりを塗り、へり返しをする

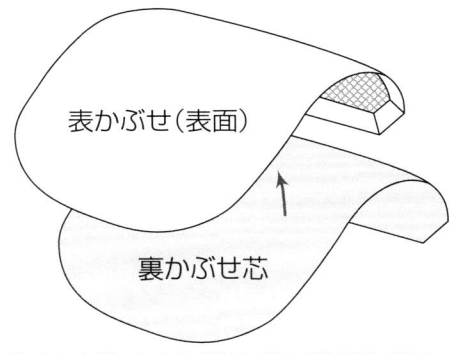

④出来上がった表かぶせに裏かぶせ芯を当て、寸法の確認をし、大きい場合はカットする

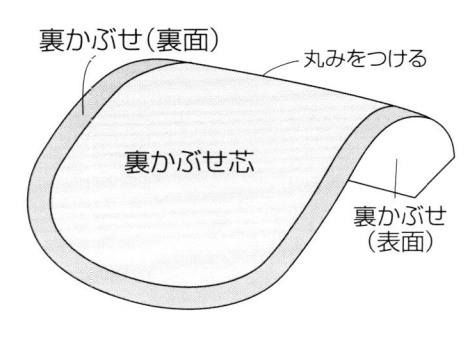

⑤裏かぶせの裏面と裏かぶせ芯の回りにゴムのりを塗り、表かぶせとは逆の丸みをつけながら芯を貼る

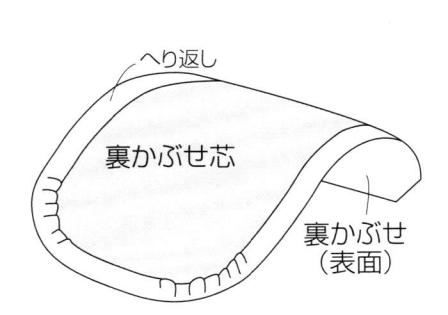

⑥裏かぶせ芯に、へり返し代の幅でゴムのりを塗り、へり返しをする

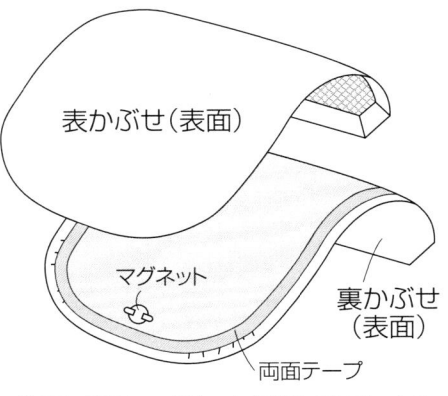

⑦裏かぶせにマグネットを取りつける。丸みをつけながら表かぶせと裏かぶせを両面テープで貼り合わせる

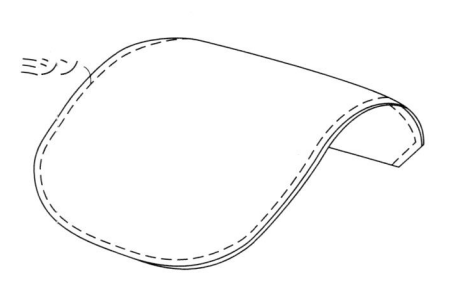

⑧丸みをつぶさないように、腕ミシンで縫い合わせる

第6章　部分縫いと作例

部分縫い

(4) べろの作り方

●へり返し仕立て、マグネット使用の場合

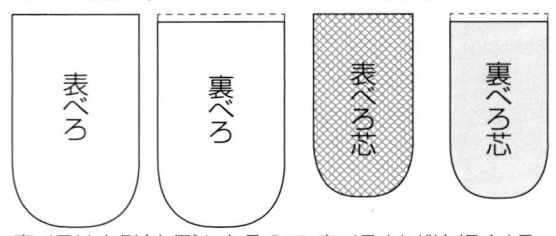

裏べろは内側（内径）になるので、表べろより縦を短くする
素材の厚みにより異なるが、約0.3～0.5cm短くする

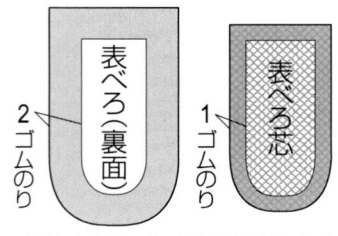

①革すき後、表べろの裏面と表べろ芯にゴムのりを塗る

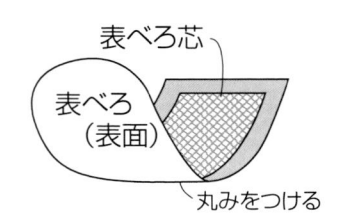

②表べろに表べろ芯を丸みをつけながら貼る

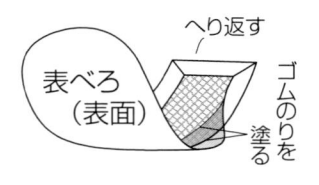

③表べろ芯にへり返し代の幅でゴムのりを塗り、へり返しをする

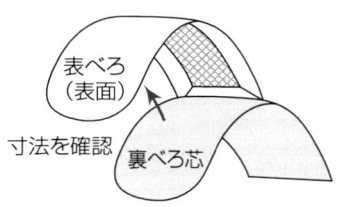

④出来上がった表べろに裏べろ芯を当て、寸法の確認をし、大きい場合はカットする

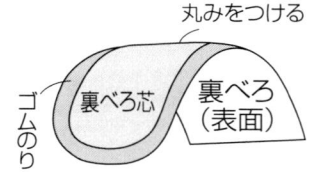

⑤裏べろの裏面と裏べろ芯の回りにゴムのりを塗り、表べろとは逆の丸みをつけながら芯を貼る

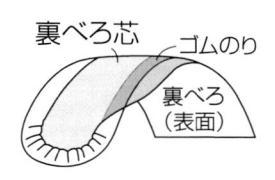

⑥裏べろ芯に、へり返し代の幅でゴムのりを塗り、へり返しをする

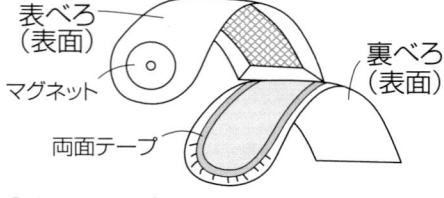

⑦表べろにマグネットを取りつける。丸みをつけながら、両面テープで表べろと裏べろを貼り合わせる

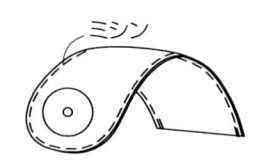

⑧丸みをつぶさないように、腕ミシンで縫い合わせる

(5) 平手の作り方（胴に直つけ）

●切り目仕立ての場合

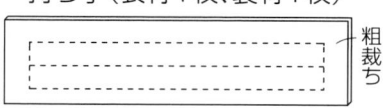

持ち手（表材1枚、裏材1枚）

①表、裏材共に2本分が入る大きさに粗裁ちする
※革が厚い場合は裏材を全すきする

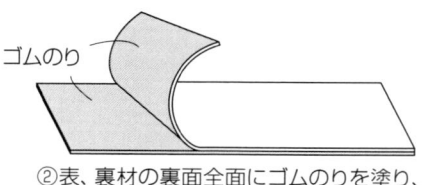

②表、裏材の裏面全面にゴムのりを塗り、貼り合わせる

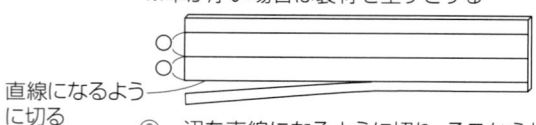

③一辺を直線になるように切り、そこから持ち手幅を平行に切り取る。ステンレス定規をしっかり当てながら切る

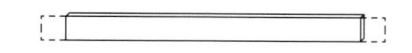

④長さを切りそろえる

●へり返し仕立ての場合

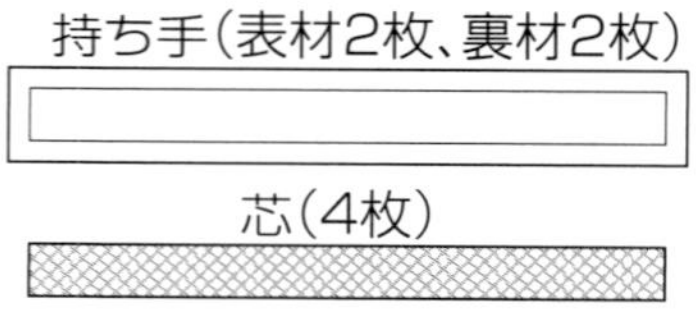

持ち手（表材2枚、裏材2枚）
芯（4枚）

①表材2枚、裏材2枚、芯材4枚を準備し、へり返し代の革すきをする。革が厚い場合は裏材は全すきする

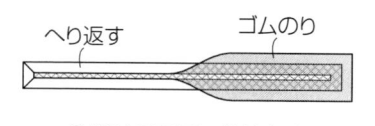

②部材の裏面に芯材を貼り、へり返しをする

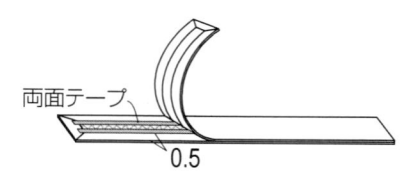

③表、裏材を両面テープで貼り合わせる。両面テープは端から0.5cm内側に貼る

部分縫い

●胴に縫いつける
（切り目仕立て、へり返し仕立て共通）

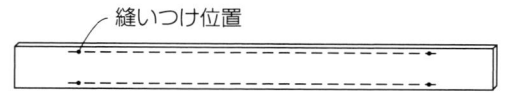

①胴に縫いつける位置に印をつけ、その印の1目外側からステッチをかける

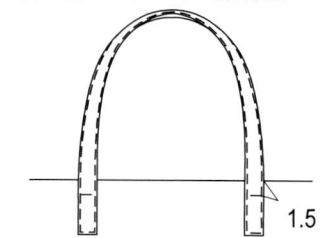

②胴に縫いつける。持ち手縫いつけ位置は、あとで口前を縫うとき持ち手がじゃまにならないようにするため、口前の出来上り線から約1.5cm以上下げる

（6）丸手の作り方
●へり返し仕立て、直つけの場合

〈幅のはかり方〉
同じ太さの芯でも、革の厚みにより必要な幅が違うので、実際に使用する革を巻いてはかる

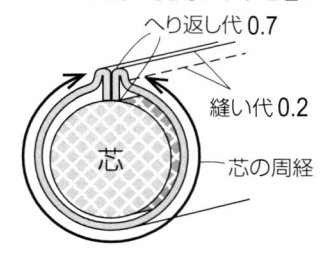

へり返し代0.7
縫い代0.2
芯の周経

革の幅＝芯の周経＋（縫い代0.2＋へり返し代0.7）×2
※切り目仕立ての場合はへり返し代はなし

〈型紙〉
芯の周経
縫い代0.2
へり返し代0.7
中心線
縫止り

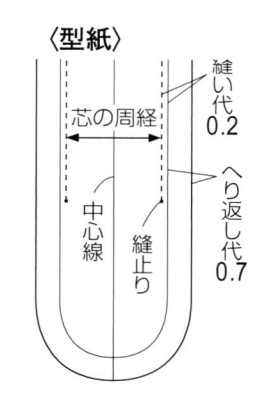

〈裁断〉
（裏面）
ゴムのり
縫止り
芯（裏面）

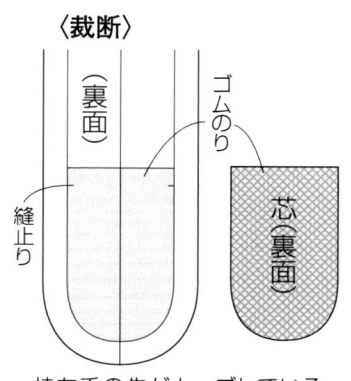

持ち手の先がカーブしている場合は、先だけに芯を貼る

〈縫製〉
（裏面）ゴムのり → （裏面）芯 へり返す → 0.2 縫止り

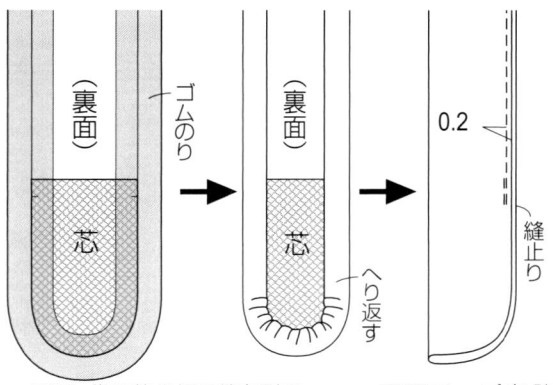

へり返し代の倍の幅に線を引き、ゴムのりをはみ出さないように塗り、へり返す

両面テープを貼らず、半分に折り、筒状に縫い合わせる

〈芯の準備〉 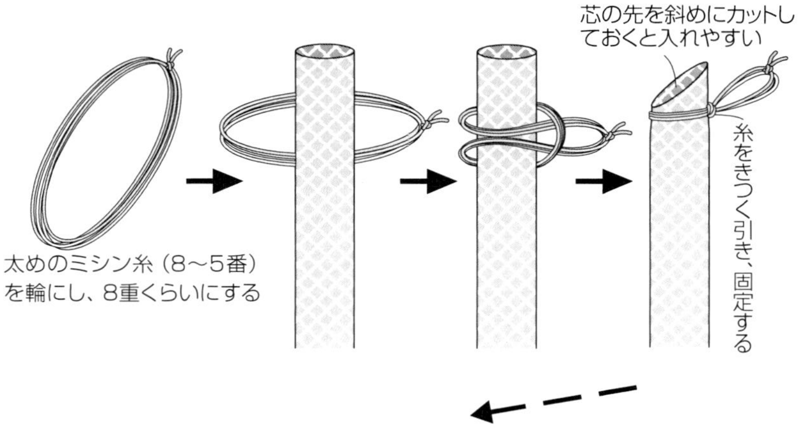
太めのミシン糸（8〜5番）を輪にし、8重くらいにする

芯の先を斜めにカットしておくと入れやすい

糸をきつく引き、固定する

〈芯を入れる〉
針金の反対側の先は動かないように固定しておく

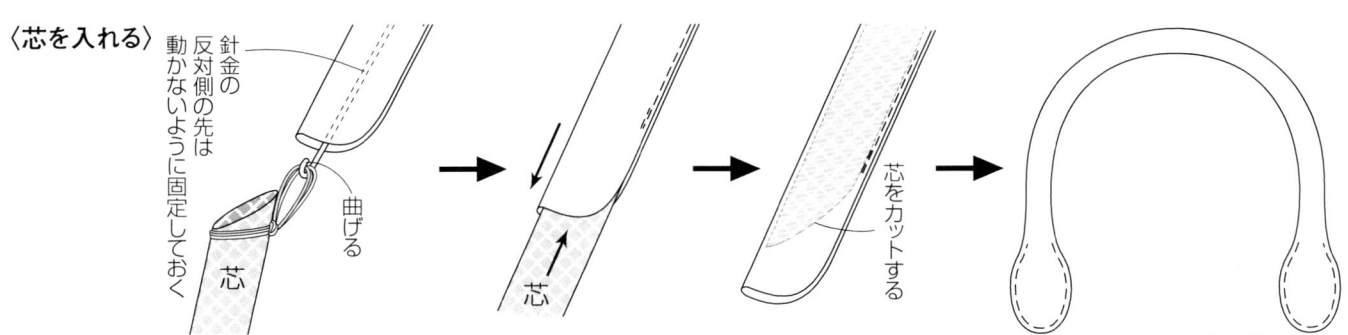

筒状になった持ち手に針金を通し、先を糸にかける

革を引っ張りながら芯を中に通し入れる

最後まで通したら、糸をはずし、余分な芯の先を斜めにカットする

持ち手の先の裏面に革を貼り、持ち手の先を胴に縫いつける

第6章　部分縫いと作例　77

2. 作例

（1）丸手の横まちトートバッグ

- ・へり返し仕立て
- ・口前の開閉にべろを使用
- ・底切替え

縫返し代　0.5cm
へり返し代　1cm（持ち手は0.7cm）
重ね代　1cm
＊革すきは、64ページ参照

〈表材料〉

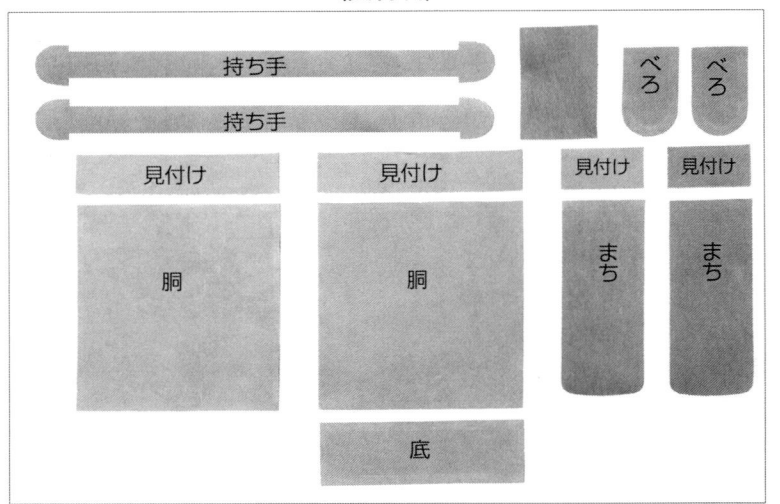

〈付属材料〉

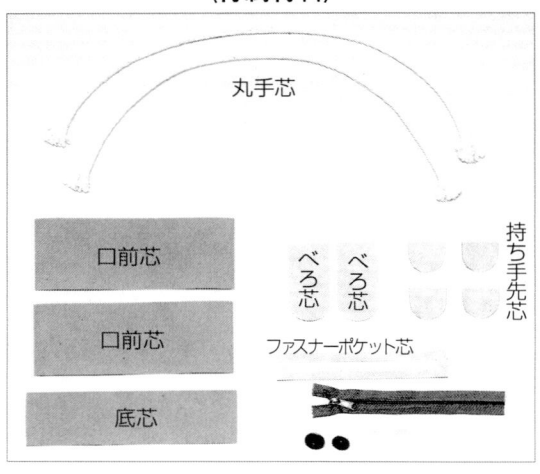

〈裏材料〉

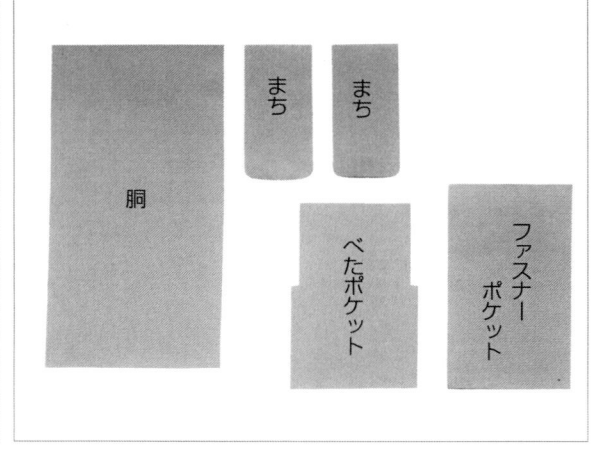

◎作り方◎

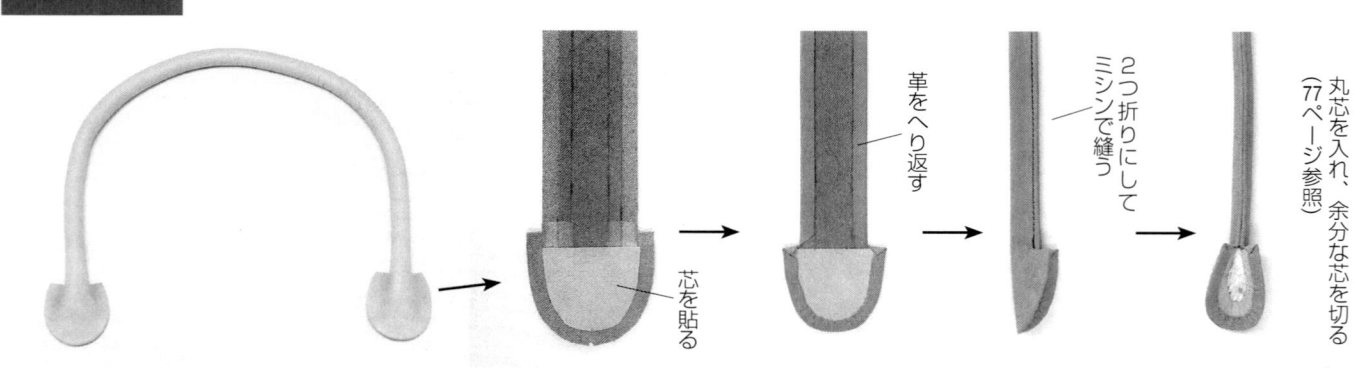

①丸手の持ち手を作る

芯を貼る → 革をへり返す → 2つ折りにしてミシンで縫う → 丸芯を入れ、余分な芯を切る（77ページ参照）

②胴に口前芯を貼り、持ち手を縫いつける

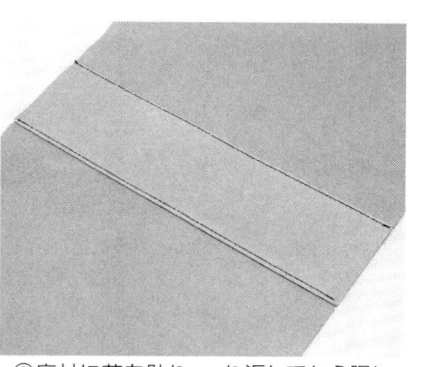

③底材に芯を貼り、へり返してから胴に縫いつける

④胴とまちを中表で縫い合わせる

⑤口前をへり返した後、表に返す。口前芯がしわにならないように注意をする

⑥べろを作る
76ページ参照

⑦裏布にポケットを作る。ファスナーつき落しポケット、べたポケット、共に72ページ参照

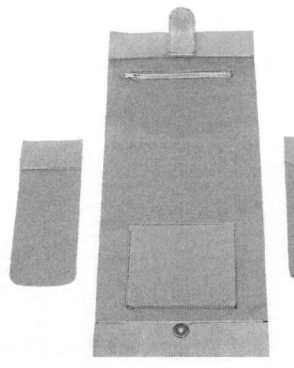

⑧見付けを縫いつける。べろも一緒に縫う
⑨マグネットをつける

⑩裏布の胴とまちを中表で縫い合わせ、口前のへり返しをする

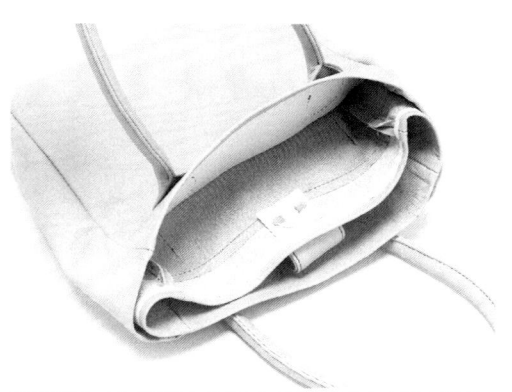

⑪表袋の中に裏袋を入れて、口前を合わせて、縫う

第6章 部分縫いと作例

（2）ファスナーつき通しまちのショルダーバッグ

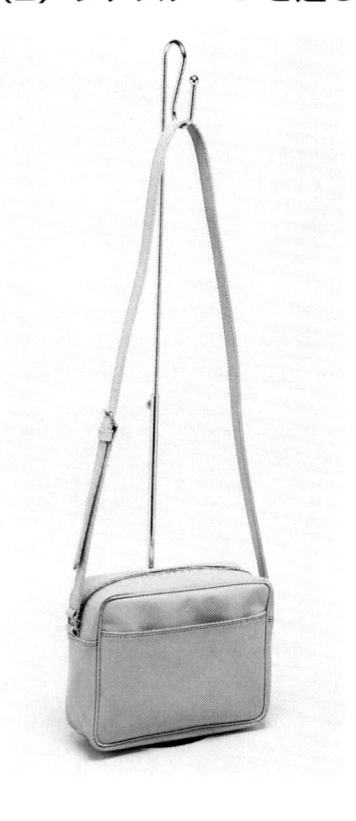

・へり返し仕立て
・玉出し縫製による仕立て

ショルダーひも幅　1.8cm
縫返し代　0.5cm
へり返し代　1cm（ショルダーひもは0.7cm）
重ね代　1cm
＊革すきは、64ページ参照

〈表材料〉

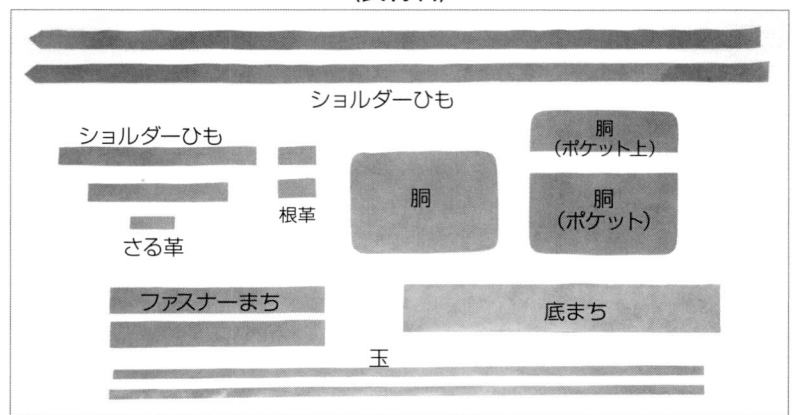

ショルダーひも
ショルダーひも
根革
さる革
胴
胴（ポケット上）
胴（ポケット）
ファスナーまち
底まち
玉

〈付属材料〉

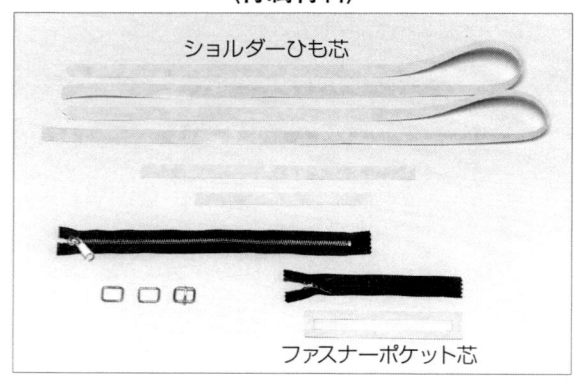

ショルダーひも芯
ファスナーポケット芯

〈裏材料〉

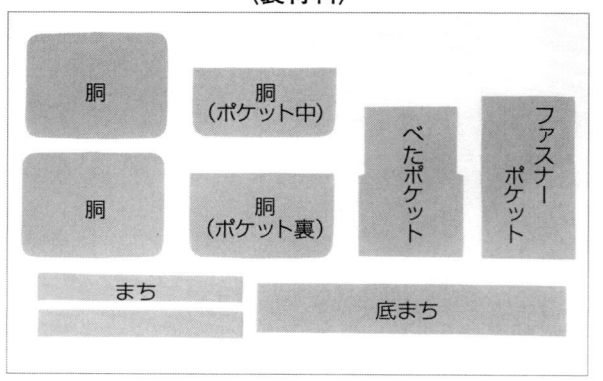

胴
胴（ポケット中）
胴（ポケット裏）
べたポケット
ファスナーポケット
まち
底まち

◎作り方◎

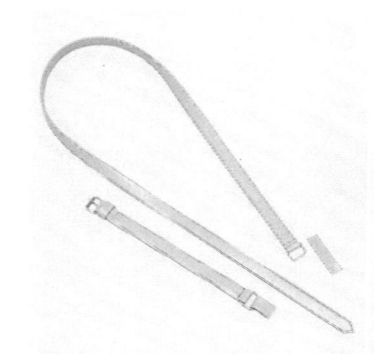

①ショルダーひもを作る。バックル、かんの付け方は48ページ参照

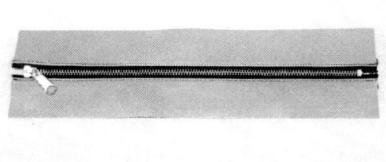

②ファスナーまちとファスナーを縫い合わせる

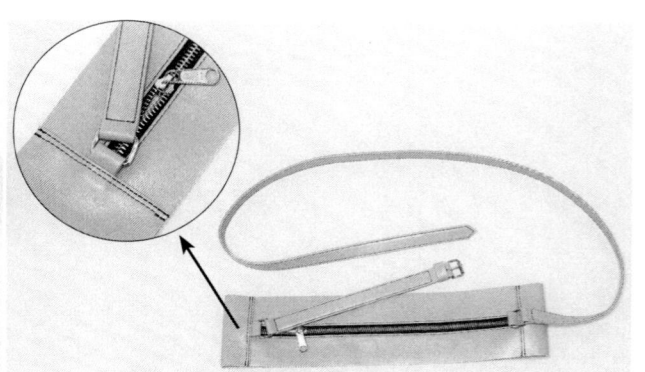

③ファスナーまちと底まちの間にショルダーひもを挟み入れて、縫いつける

表材（革）
裏材（布）
〈胴〉

表材（革）
〈ポケット〉

捨てミシンをかけておく

④胴のポケットを作る

手すき

⑤玉出し用の玉を胴面に仮止め（捨てミシン）する。玉のつなぎ部分は、手すきをして貼り合わせる

⑥胴とまちを中表で縫い合わせる。このとき、ファスナーを開けて縫う（玉出し縫製は74ページ参照）

⑦表に返す

表面　裏面

⑧裏布のファスナーまちと底まちを縫い合わせる

⑨裏布にポケットを作る（72ページ参照）

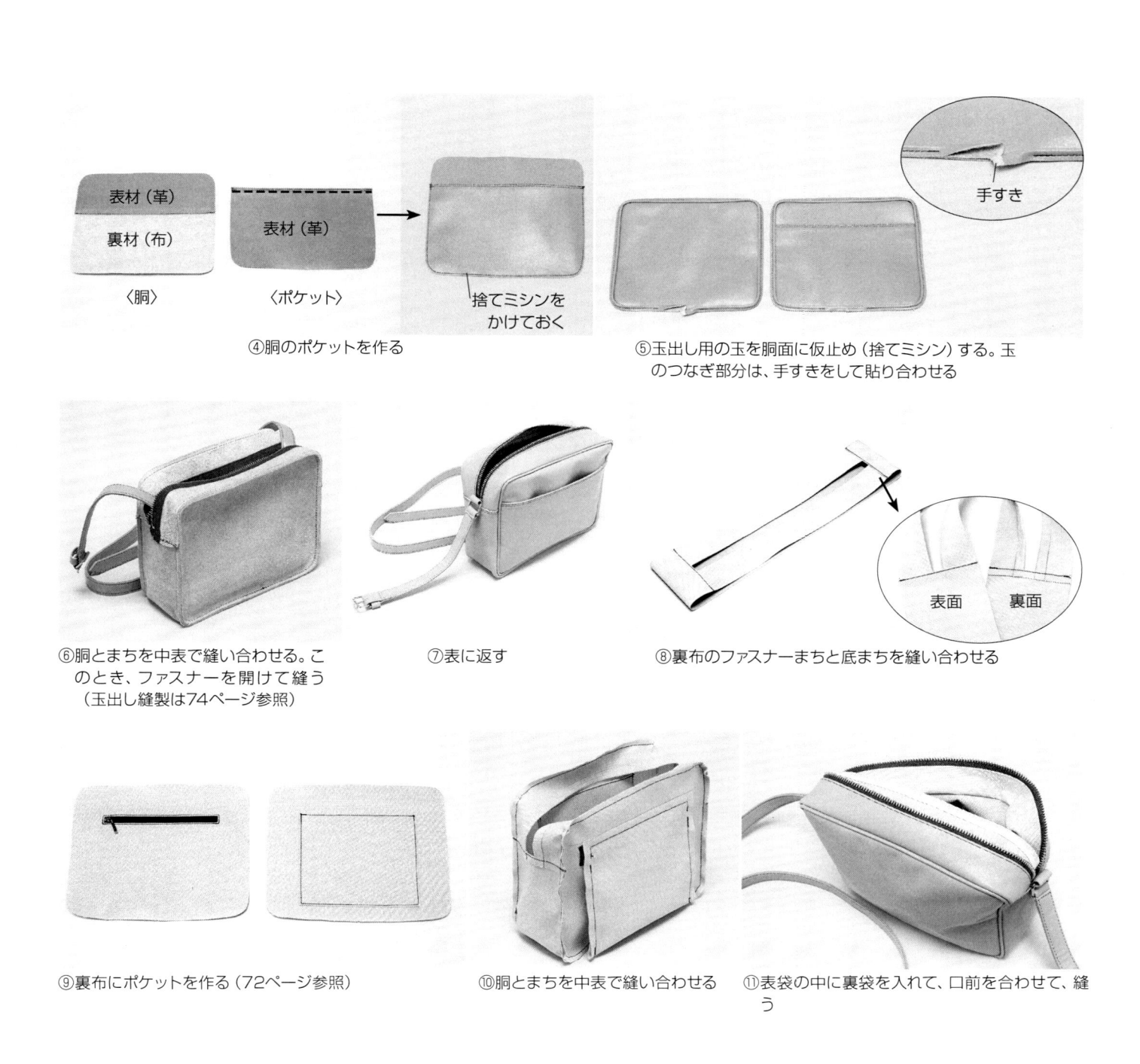

⑩胴とまちを中表で縫い合わせる

⑪表袋の中に裏袋を入れて、口前を合わせて、縫う

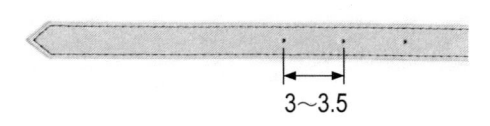

3～3.5

⑫ショルダーひもにバックル用の穴をあける

第6章　部分縫いと作例　81

(3) かぶせつきのスワローまちバッグ

・へり返し仕立て
・前胴縫割り仕立て
・背胴、ファスナーつき落しポケット
・中仕切りポケット

持ち手幅　2cm
縫返し代　0.5cm
へり返し代　1cm
縫割り代　1cm
＊革すきは、64ページ参照

〈表材料〉

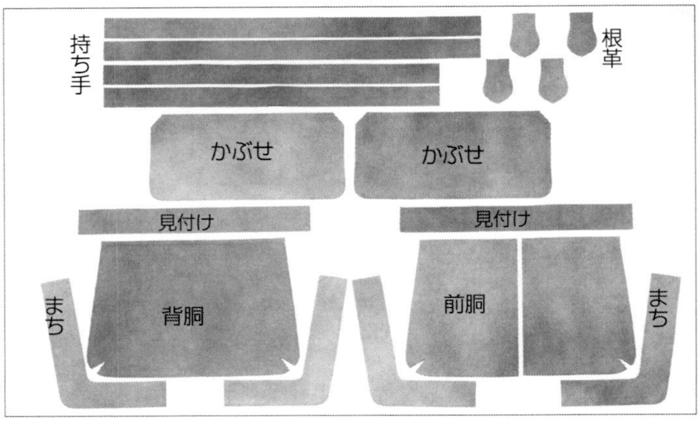

持ち手／根革／かぶせ／見付け／まち／背胴／前胴／まち

〈付属材料〉

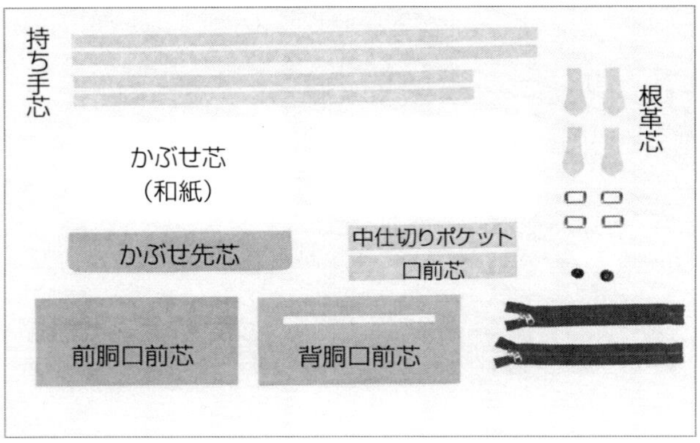

持ち手芯／根革芯／かぶせ芯（和紙）／かぶせ先芯／中仕切りポケット／口前芯／前胴口前芯／背胴口前芯

〈裏材料〉

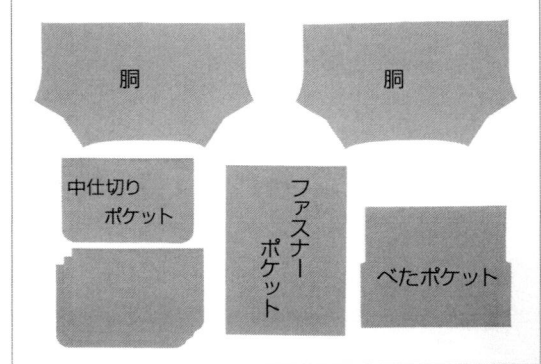

胴／中仕切りポケット／ファスナーポケット／べたポケット

◎作り方◎

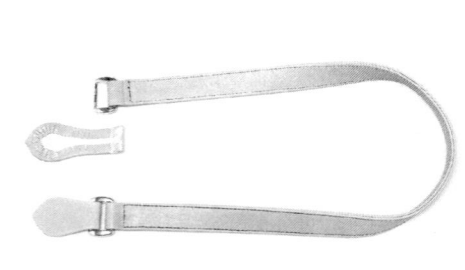

①持ち手を作る。根革は芯を入れてへり返しをしておく

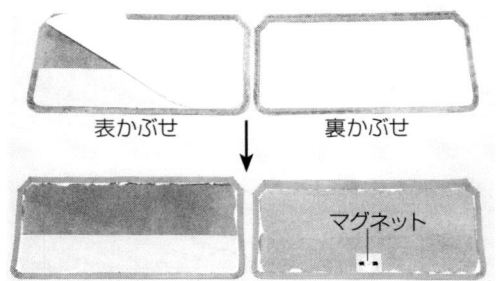

②かぶせを作る。へり返しの芯にした和紙はへり返し後、切り取る。かぶせ裏にマグネットをつける
　表かぶせ／裏かぶせ／マグネット

③丸みをつけながら貼り、縫い合わせる

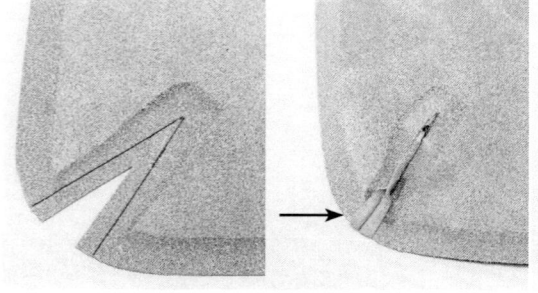

④胴面のダーツを縫い合わせる

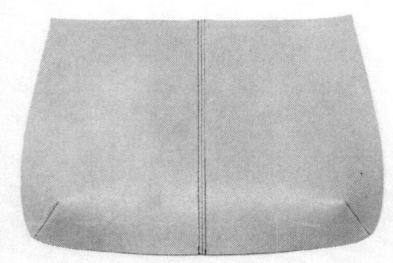

⑤前胴を縫い割り、ステッチをかける

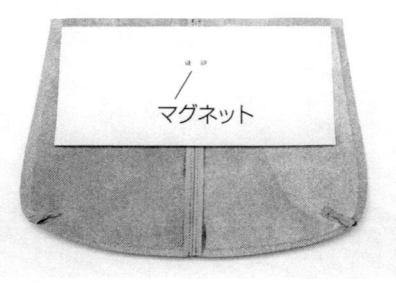

⑥口前芯を貼り、マグネットをつける

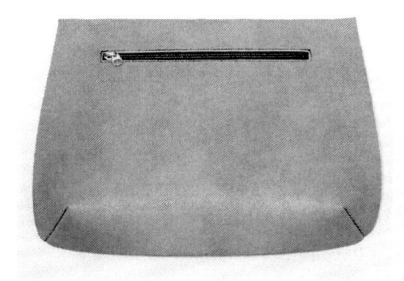

⑦背胴のファスナーつき落しポケットを作る（72ページ参照）

⑧背胴にかぶせを縫いつける

前胴

後ろ胴

⑨持ち手を縫いつける

⑩まちを中心で縫い合わせ、縫い代を割る

ステッチ

⑪まちを中表に合わせて内側を縫い合わせる

⑫胴とまちを中表で縫い合わせる

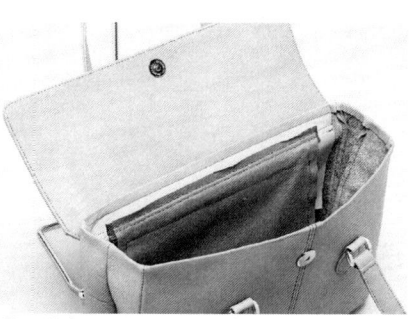

⑬口前をへり返した後、表に返す。口前芯がしわにならないように注意をする

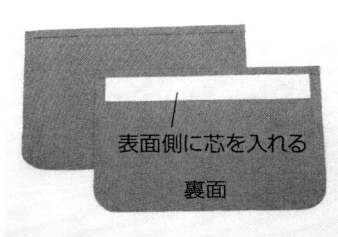

表面側に芯を入れる
裏面

⑭中仕切りポケット布の口前のへり返しをする

⑮ファスナーを挟み、縫い合わせる

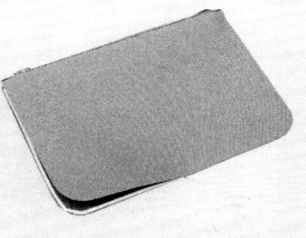

⑯ポケットを折り、回りを両面テープで貼り合わせる

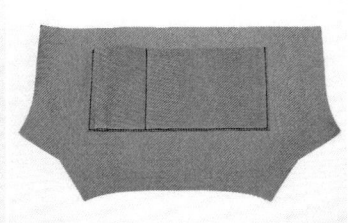

⑰段つきべたポケットを作る

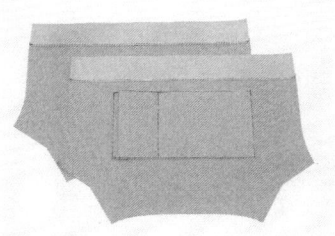

⑱裏布に見付けを縫いつける

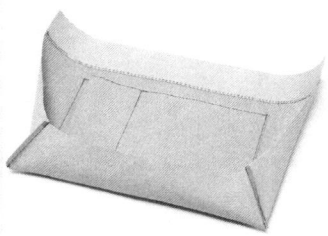

⑲裏布のダーツを縫う

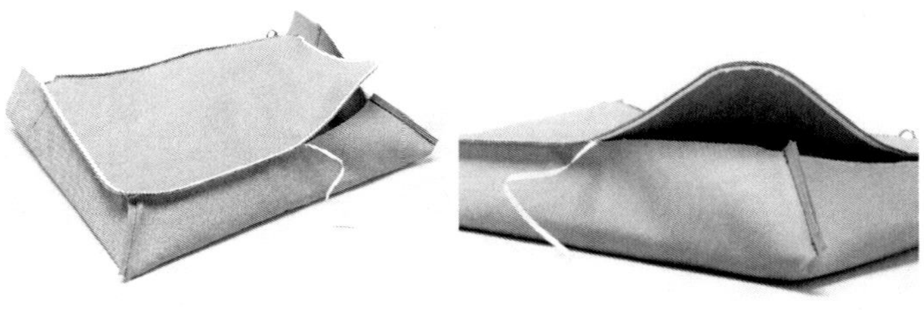

⑳裏布で中仕切りポケットを中表になるように挟み、縫い合わせる

㉑口前をへり返す

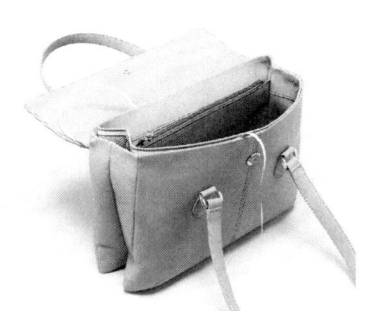

㉒表袋の中に裏袋を入れて、口前を合わせて縫う

第6章　部分縫いと作例　83

(4) 天まちファスナーつきの外縫い横まちバッグ

・外縫いへり返し仕立て
・裏布貼込み仕立て
・かぶせつきファスナーポケット

持ち手幅　1.5cm
へり返し代　1cm（持ち手は0.7cm）
重ね代　1cm
※革すきは64ページ参照

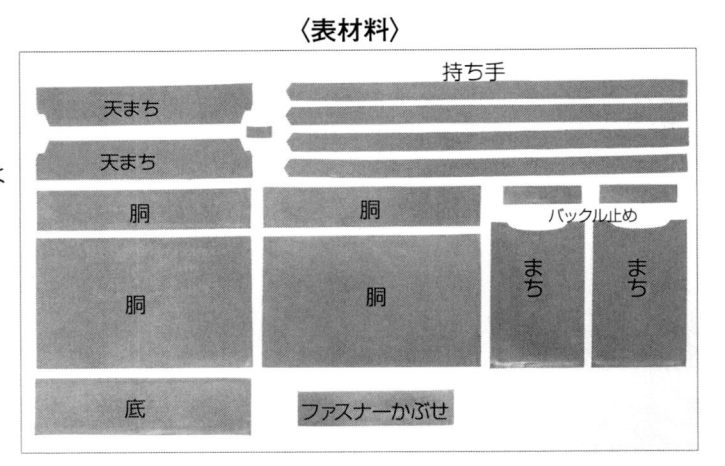

〈表材料〉

〈付属材料〉

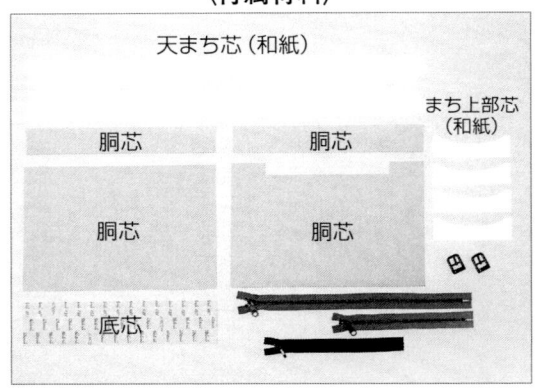

〈裏材料〉

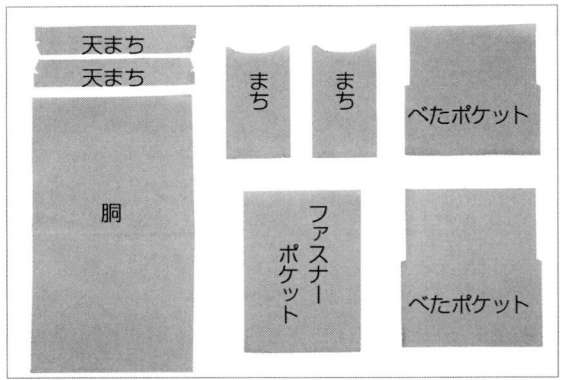

◎作り方◎

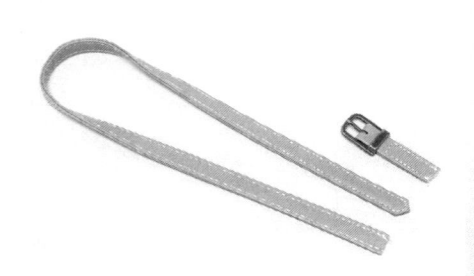

①持ち手を作る

②胴面に芯を貼る

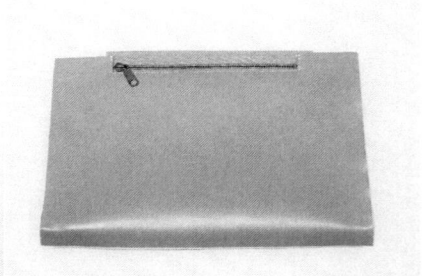

③背胴にはファスナーつき落しポケットを作る

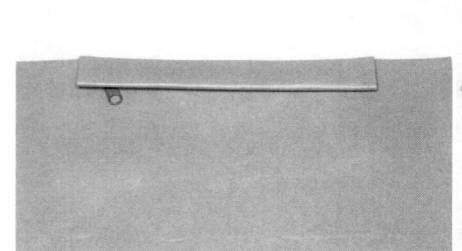

④ファスナーかぶせを仮止めする

⑤胴面の上部切替え部材と底材に芯を貼り、へり返しして縫いつける

⑥裏布にポケットをつける

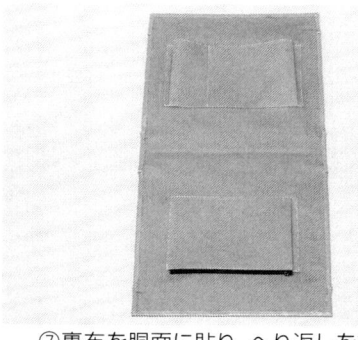

⑦裏布を胴面に貼り、へり返しをする
ゴムのりは周囲のみに塗る

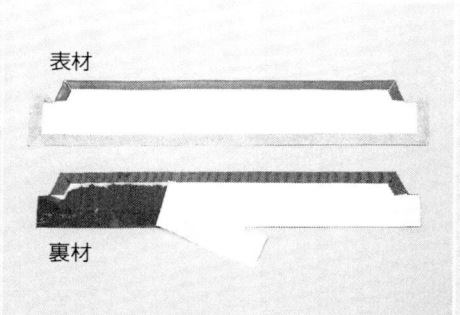

⑧天まちの表材と裏材に芯を貼り、一部へり返しをする。芯（和紙）は、へり返し後切り取る

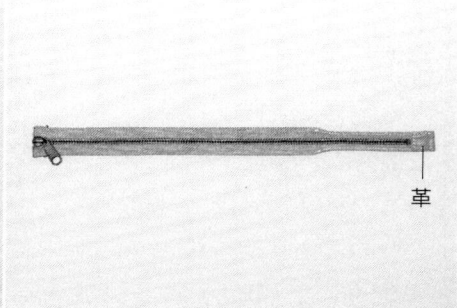

⑨ファスナーの上耳を折り、ゴムのりで止めておく。下は、余り部分を折り、ステッチをかけて下耳に革を縫いつける

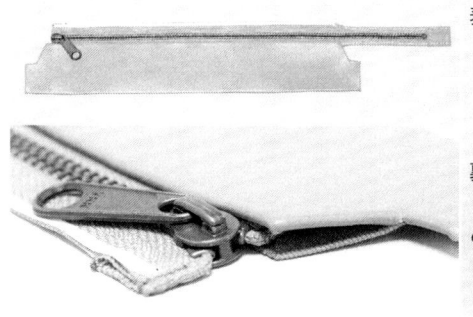

⑩ファスナーを天まちの表材と裏材で挟み縫う

⑪裏布を貼り、へり返しをする

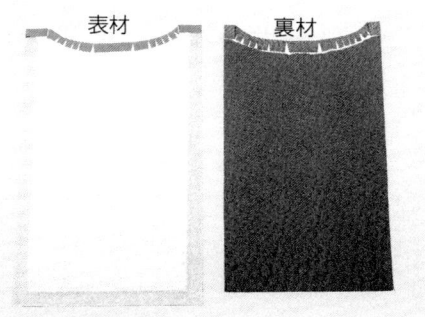

⑫まちの表材と裏材の口前に芯（和紙）を貼り、へり返しをする。芯（和紙）は、へり返し後切り取る

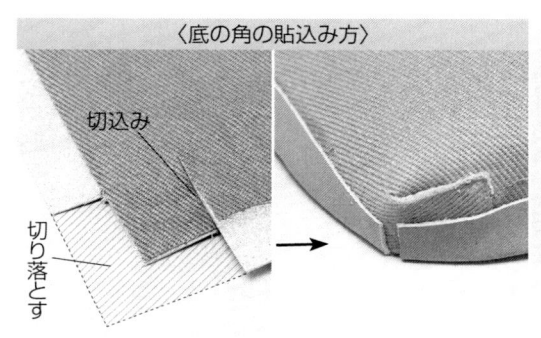

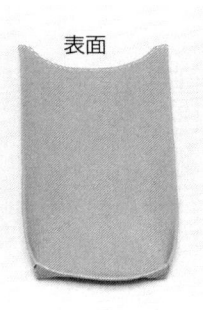

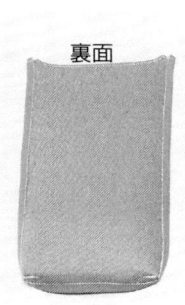

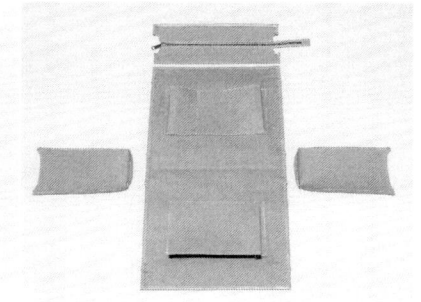

⑬表材と裏材の口前を合わせて裏布を貼り、へり返しをする。ゴムのりは周囲のみに塗る。底の角は、切込みを入れて立体になるように貼る

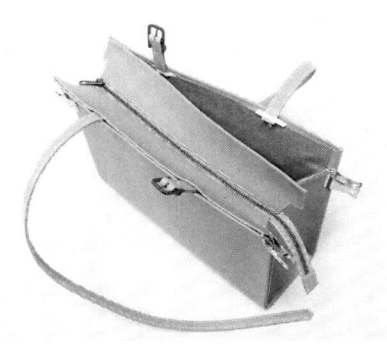

⑭各部材を両面テープでしっかり貼り合わせて、縫う

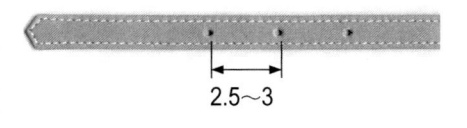

⑮持ち手にバックル用の穴をあける

第6章 部分縫いと作例

第 7 章

手縫い

　革を縫うにはミシンだけでなく、手縫いという方法もある。手縫いはミシン縫いに比べて手間がかかるが、強度がありほつれにくい。また手作りのぬくもりが感じられる仕上りになる。ここでは、革を手縫いするための道具と、基礎となる直線縫いの手法を解説する。

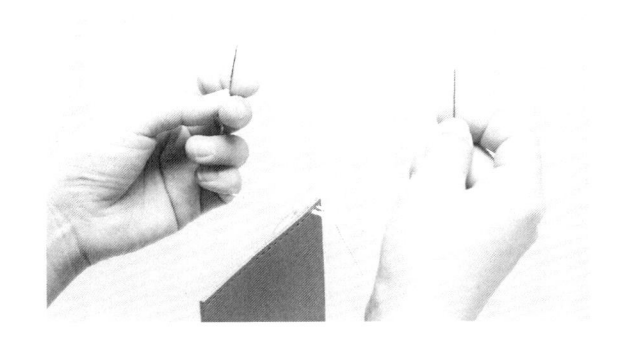

1. 手縫いの特徴

革を縫うには、ミシン縫いだけでなく手縫いという技法もある。手縫いは1本の糸の両端に針を取りつけ、両手に針を持って糸を交差させながら縫う。ミシン縫いに比べて手間がかかるが、強度があり、ほつれにくいという特徴がある。また、比較的太い糸を使用するため、ステッチとして目立たせたいときに用いると効果的である。

バッグを作るうえで、すべて手縫いで仕上げる方法もよいが、必要に応じて一部に手縫いを用いて強度を持たせたり、ミシンでは縫えない場所を縫うなど効果的に手縫いを取り入れるとよい。

●ミシンと手縫いの糸の違い

手縫いは、2本の糸を交差させながら縫っているので1か所切れたとしてもほつれることはない。ミシン縫いは、上糸と下糸が同じ面にしか通らず、2本の糸が引っかかっているだけなので、糸が1か所切れるとそこから連鎖的にほつれやすい構造になっている。

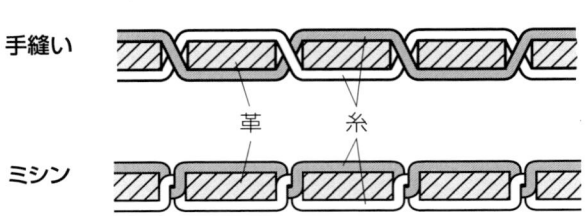

ミシンでは縫えない場合　　太いステッチで目立たせたい場合・補強したい場合

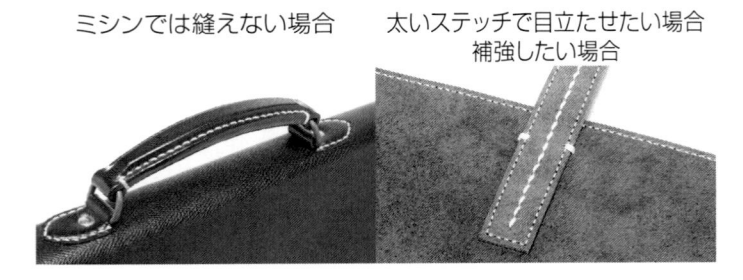

手縫い　　ミシン　　革　糸

2. 手縫いの手順

手縫いの道具

ゴム板　金槌（もしくは木槌）　ネジねん　菱目打ち　菱錐　手縫い糸　手縫い針　小ばさみ　ろう　ボンド　定規

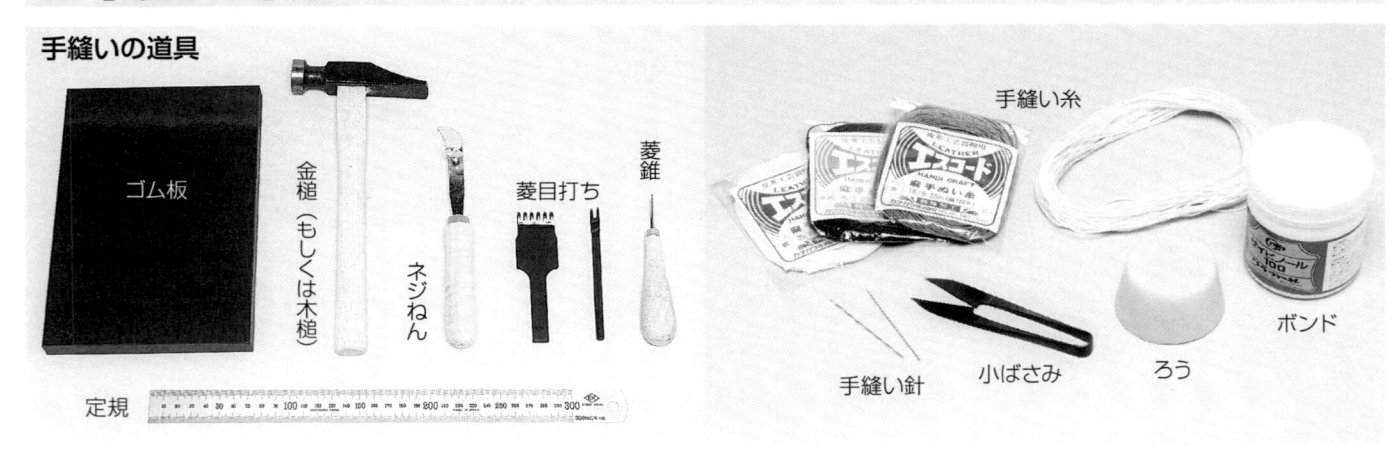

(1) 縫い線を引く

縫うための縫い線（案内線）を引く。革端を縫う場合、通常革の端から3〜4mmの位置に平行に引く。

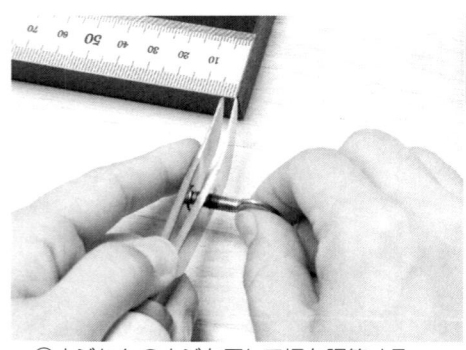

①ネジねんのネジを回して幅を調節する

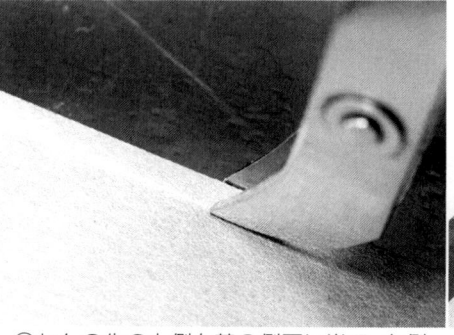

②ねんの先の右側を革の側面に当て、左側を革の銀面にのせる

③革の側面に当てたねんの先がずれないように、革に押し当てながら手前に引く

(2) 穴を開ける

縫い線に合わせて、菱目打ちで穴を開ける。

①縫始めの位置に菱目打ちを合わせ、金槌で叩いて穴を開ける。革に対して直角に当たるようにし、軽く数回に分けて叩く

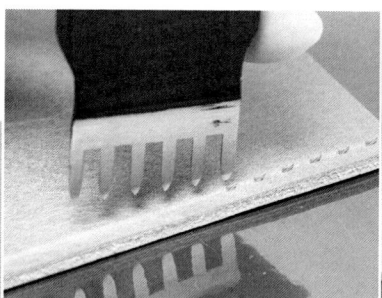

②間隔がそろうように、前に開けた最後の穴に菱目打ちの端を重ねて打つ

③角や段差、縫終りなどで縫い目を合わせる場合、菱目打ちを軽く当てて間隔を確認し、合わないようなら途中で少しずつ穴をずらして微調整する

(3) 針と糸を準備する

1本の糸の両端に針を通し、抜けにくいように糸を固定する。糸の長さは縫う長さの4倍くらい用意する。縫う革が厚い場合は長めに用意する。

糸のけば立ちを抑え、撚りが戻らないようにするために、ろうを塗る。糸の撥水や、汚れにくくする効果もある。

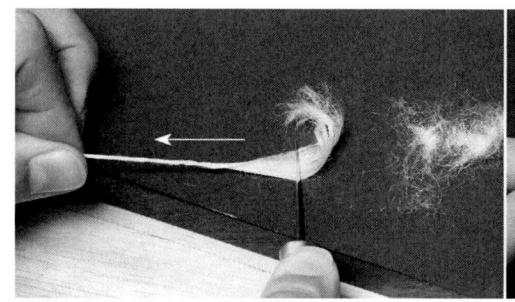

①糸端から7〜8cmくらい撚りをほどき、菱錐でごいて繊維を薄くして糸の先端に向かって細くなるようにする

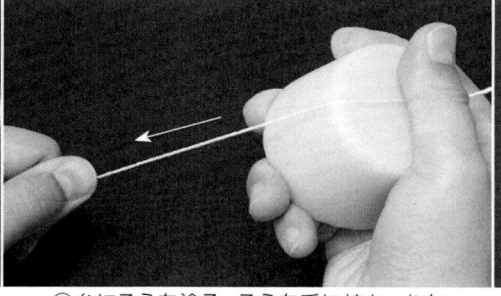

②糸にろうを塗る。ろうを手に持ち、糸を押し当てるようにして引っ張る

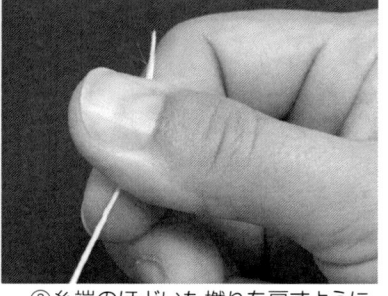

③糸端のほどいた撚りを戻すように撚る

④糸端から4〜5cmの位置に針を刺す

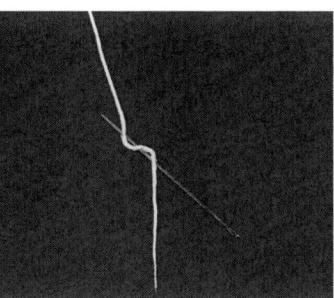

⑤さらに3〜4mm間隔で2回針を刺す

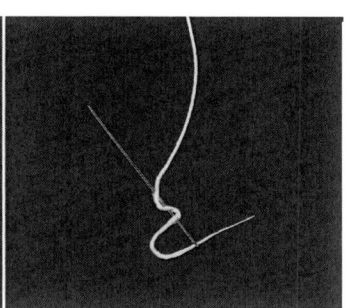

⑥糸端を針の穴に通す

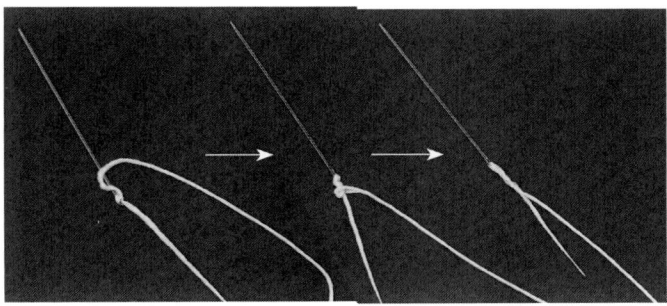

⑦長いほうの糸を下に引っ張る

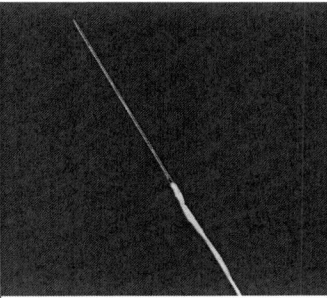

⑧2本の糸を撚って1本にし、ろうを塗ってなじませる。このとき糸の撚りと同じ方向に撚る

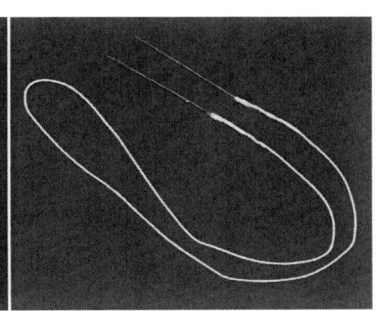

⑨もう一方も同様に、針をつける

第7章 手縫い 89

（4）縫う（基本的な平縫いの縫い方）

●縫始め

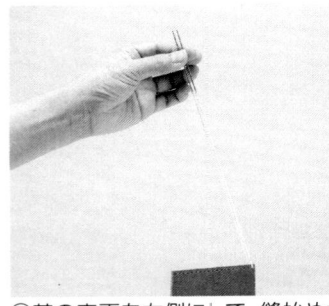

①革の表面を右側にして、縫始めが奥にあり、手前に縫い進むように革を立てる。縫始めの穴に糸を通し、左右の糸の長さをそろえる

②左の針を、2番目の穴に入れる

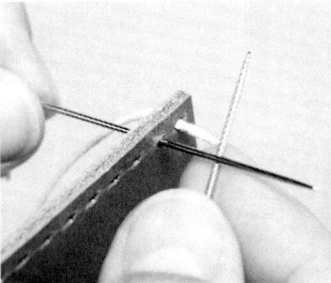

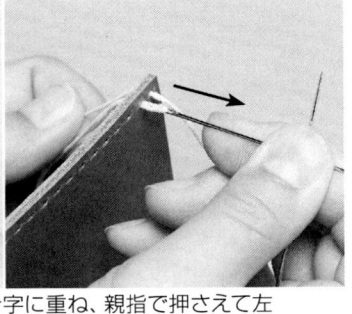

③右の針を、左の針の下に十字に重ね、親指で押さえて左の針を5〜6cm引き抜く

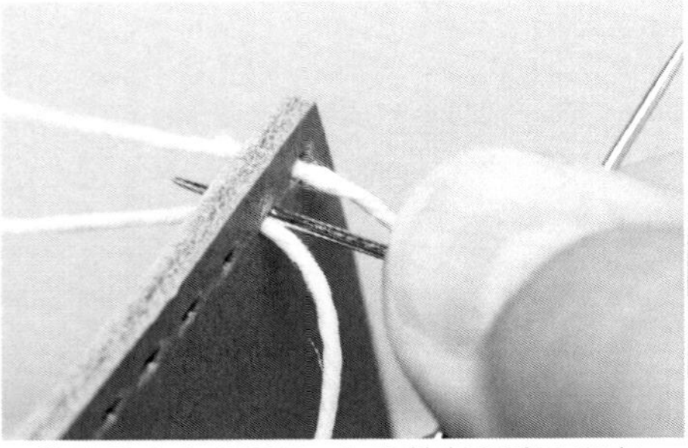

④そのままの手で、右の針を2番目の穴に入れる。このとき、糸の向う側に針を入れる

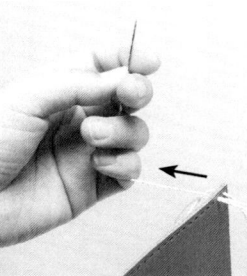

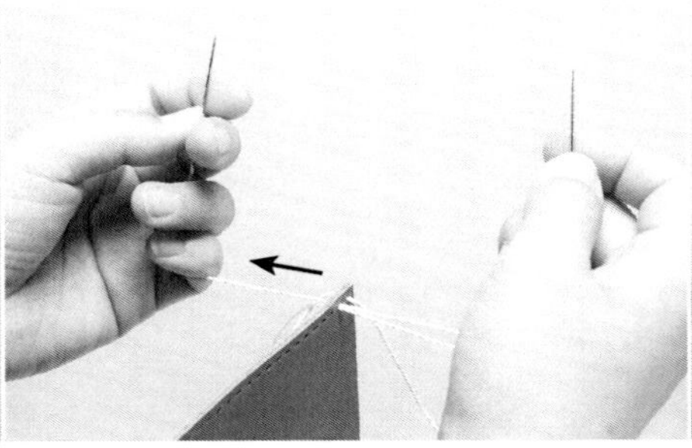

⑤右の針が糸に刺さっていないか、左に糸を引っ張って確認してから、針を左に引き抜く

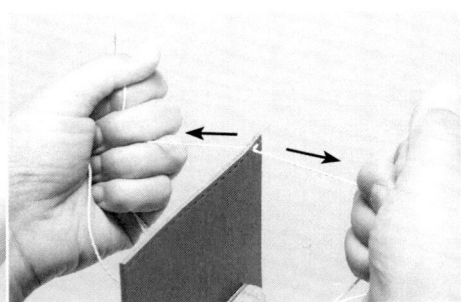

⑥左右の糸を均等に引っ張り、縫い目を引き締める。②〜⑥を繰り返す。このときの力加減を均等にしないと、縫い目が乱れる

●縫終り

①縫終りの3目を残すところまで縫い、残りの3目は1本の糸で縫い進める

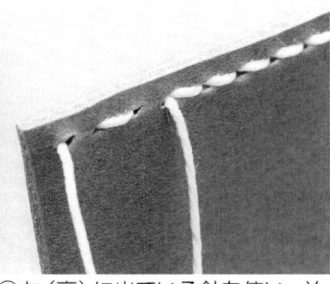

②左（裏）に出ている針を使い、並縫いで最後まで縫う

③そのまま折り返して、終りから3目まで縫う

④縫い目の際で余った糸を切る

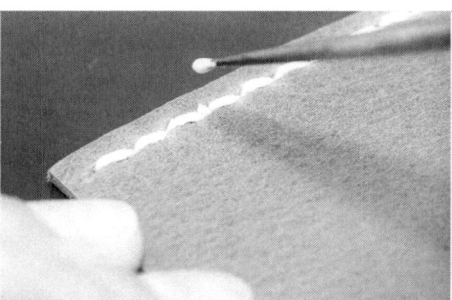

⑤糸が抜けないようにするため、切った糸端に目打ち等でボンドを少量つける

⑥余分なボンドはふき取り、目立たないように糸端を穴に隠す

第 8 章

バッグのデザイン画

　自分がイメージしたバッグを人に説明したり、実物製作をするためには、まずデザイン画を描かなければならない。どんなバッグなのか具体的に理解してもらうために、全体像や細かいディテールを正確に描くことが大切である。ここではバッグデザイン画を描くときの、形のとらえ方や表現の方法を解説する。

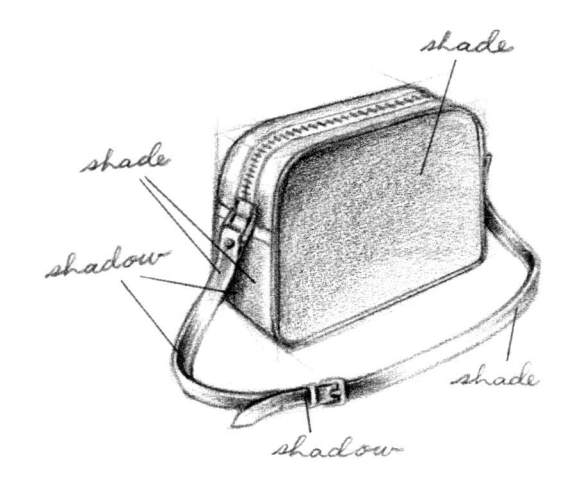

1. 立体のとらえ方

バッグを描く際、まず箱型やドラム型などの簡単なガイドラインから描き始める。バッグの胴面とまちが見えるよう側面視し、奥行きをつけて描く。その立体をベースに足したり削ったりしながら、バッグのフォルムを形成していく。

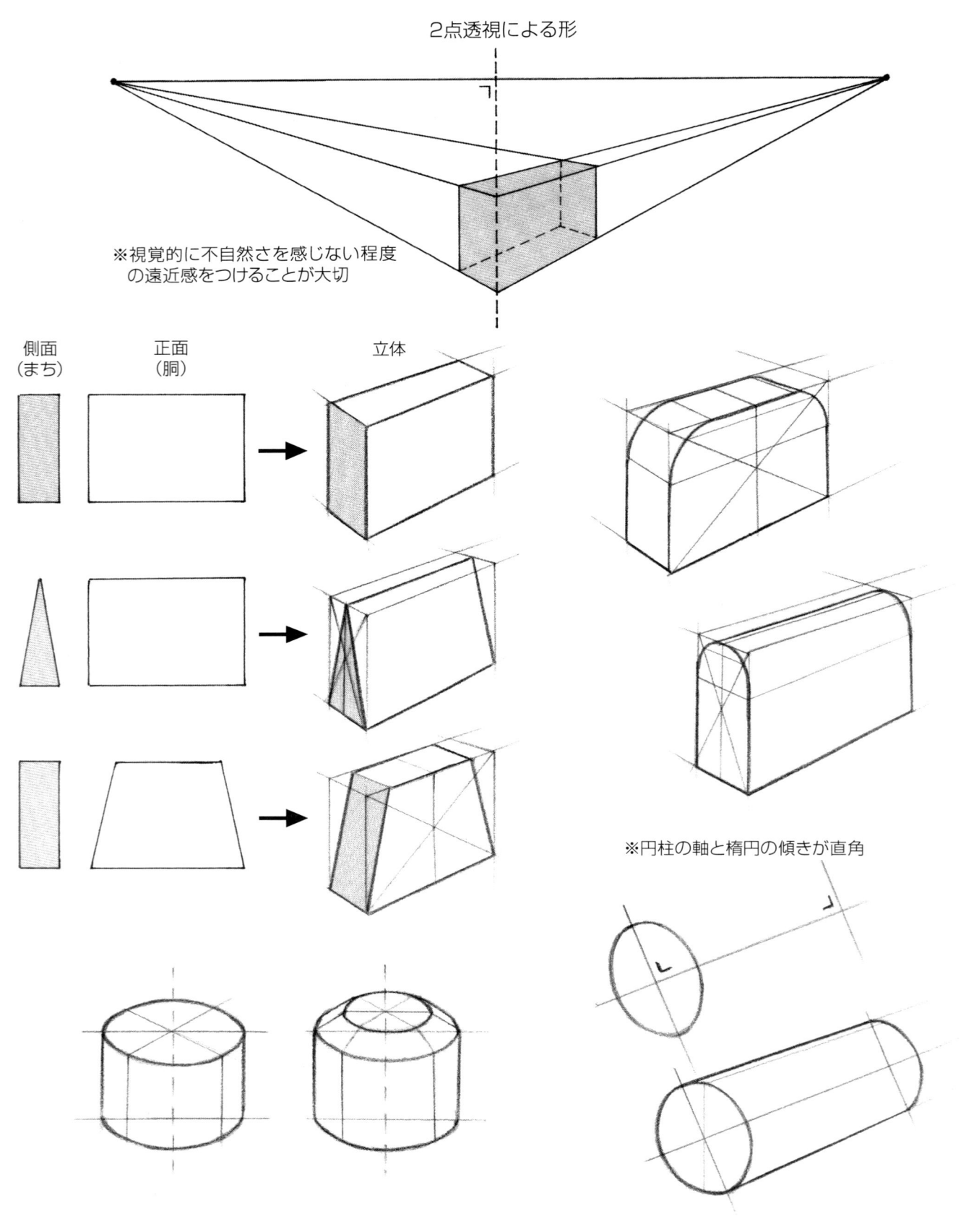

2点透視による形

※視覚的に不自然さを感じない程度の遠近感をつけることが大切

側面
（まち）

正面
（胴）

立体

※円柱の軸と楕円の傾きが直角

2. 光と陰影

線画に陰影をつけることにより、いっそうその物の形を詳細に説明することができる。

光源の位置を設定

描こうとしている対象物に対し、斜め上から光を当てると、光と陰影が作る面と面との境界線がはっきりとしてくる。物の形が複雑になるほど陰影を効果的に彩色することが重要になる。

陰影

陰と影の違いを理解したうえで陰影をつける。
陰（shade）.......光が当たらず暗くなるところ
影（shadow）....光が物に当たることでさえぎられ、その物の後ろにできる像

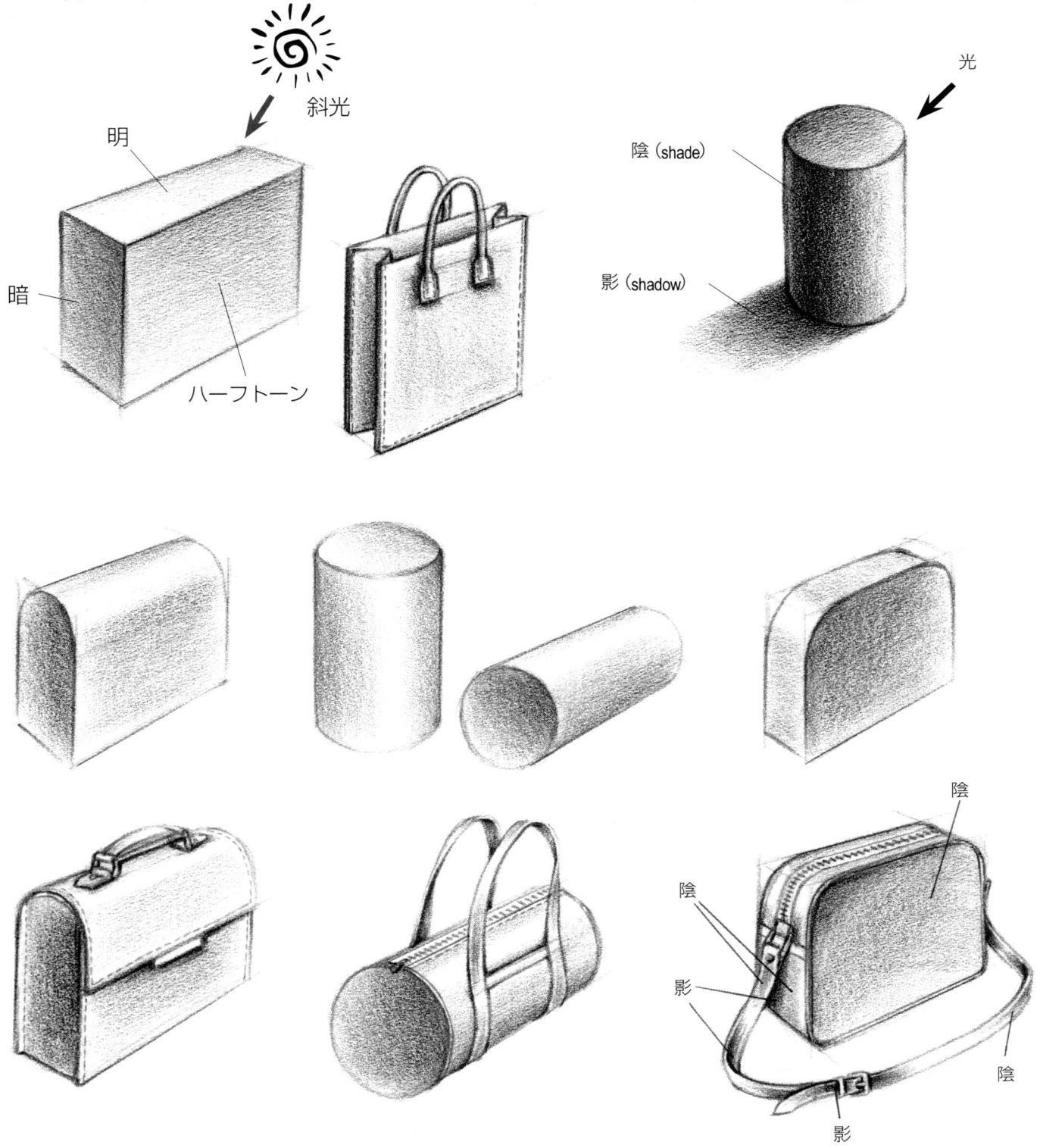

第8章　バッグのデザイン画

3. ディテールの表現

持ち手やファスナー、金具など、素材の厚みを感じさせるように描く。

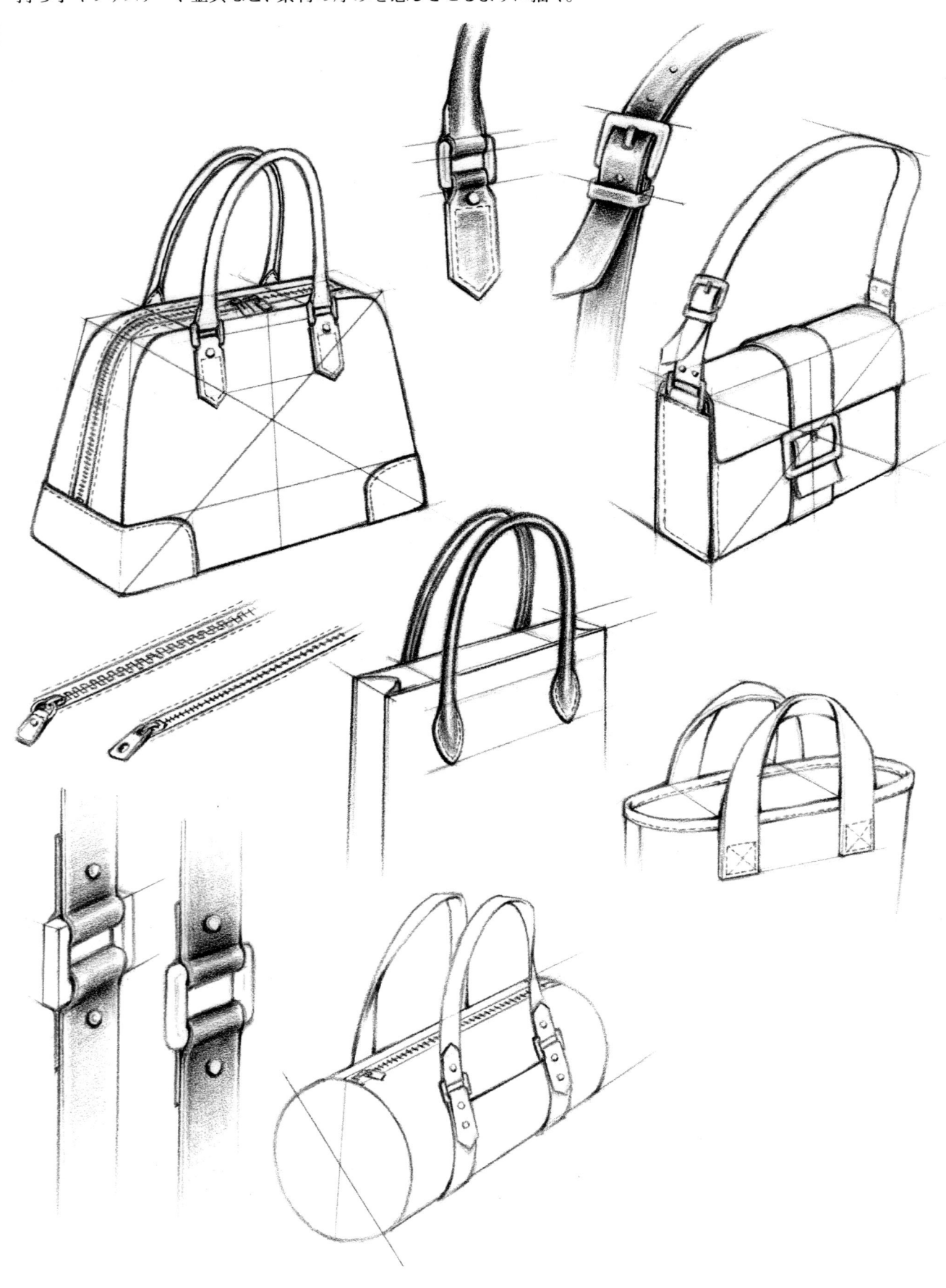

4. 製品図を描く

バッグのデザインを説明するため。構造やディテールを的確で明瞭な線画で描き表わす。

トータルコーディネートのデザイン画

太
中
極細（ステッチ）
中
太
極細（ステッチ）

線のあつかい

太 ………… アウトライン、あき部分、ポケット口
中 ………… 切替え線
極細 ……… ステッチ

● 後ろのデザイン

切替え線の横にステッチを描くことで、
縫合せ方を表現できる

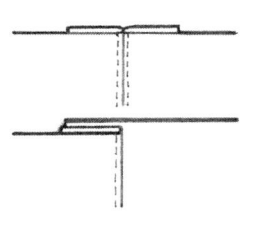

第8章　バッグのデザイン画　95

監修
文化ファッション大系監修委員会

大沼　淳	横田寿子
高久恵子	小林良子
松谷美恵子	石井雅子
坂場春美	川合　直
阿部　稔	平沢　洋
徳永郁代	

執筆
菊池明子
青木克江
玉那覇孝二

表紙モチーフデザイン
酒井英実

イラスト
玉川あかね

写真
林敦　彦

協力
株式会社　プリンセストラヤ
エース　株式会社
株式会社　平田袋物工芸
YKKファスニング プロダクツ販売株式会社

参考資料
『エキゾチックスキンの基礎知識』　千石正一、寶山大喜監修　2003年
『皮革（かわ）と皮革製品の知識』　小木曽健、渡辺敏夫編　東京皮革青年会　2003年
『革の技法』　クラフト学園研究室著　日本ヴォーグ社　2006年
『手縫いで作る革のカバン』　野谷久仁子著　日本放送出版協会　2004年
『改定第9版　バッグ＆ラゲージの商品知識』　ぜんしん　1997年
『シリーズ　現代工学入門　デザイン論』　田中央著　岩波書店　2005年
『皮革ハンドブック』　日本皮革技術協会　皮革ハンドブック編集委員会編　樹芸書房　2005年
『袋物』　日本袋物工業連合会　1994年

文化ファッション大系 ファッション工芸講座 ③
バッグ
文化服装学院編

2007年3月26日　第1版第1刷発行
2025年1月27日　第4版第1刷発行

発行者　清木孝悦
発行所　学校法人文化学園 文化出版局
　　　　〒151-8524
　　　　東京都渋谷区代々木3-22-1
　　　　TEL03-3299-2474（編集）
　　　　TEL03-3299-2540（営業）
印刷所　株式会社文化カラー印刷

©Bunka Fashion College 2007　Printed in Japan

本書の写真、カット及び内容の無断転載を禁じます。
・本書のコピー、スキャン、デジタル化等の無断複製は著作権法上での例外を除き、禁じられています。本書を代行業者等の第三者に依頼してスキャンやデジタル化することは、たとえ個人や家庭内での利用でも著作権法違反になります。
・本書で紹介した作品の全部または一部を商品化、複製頒布することは禁じられています。

文化出版局のホームページ　https://books.bunka.ac.jp/